ÉLÉMENTS

DE LA

SCIENCE DES NOMBRES

A L'USAGE DES JEUNES GENS

QUI SE LIVRENT A L'ÉTUDE DES SCIENCES EXACTES

PAR BRANQUART

PROFESSEUR DE MATHÉMATIQUES AU LYCÉE IMPÉRIAL DE VERSAILLES.

PREMIÈRE PARTIE.

ARITHMÉTIQUE.

PARIS
CHEZ MALLET-BACHELIER,
LIBRAIRE,
Quai des Augustins, 55.

VERSAILLES
CHEZ BRIÉ, LIBRAIRE,
Rue de la Paroisse, 65.

1858

ÉLÉMENTS

DE LA

SCIENCE DES NOMBRES

Paris. — Imprimé par E. Thunot et Cᵉ, rue Racine, 26.

ÉLÉMENTS

DE LA

SCIENCE DES NOMBRES

A L'USAGE DES JEUNES GENS

QUI SE LIVRENT A L'ÉTUDE DES SCIENCES EXACTES

PAR BRANQUART

PROFESSEUR DE MATHÉMATIQUES AU LYCÉE IMPÉRIAL DE VERSAILLES.

PREMIÈRE PARTIE.

ARITHMÉTIQUE.

PARIS,
CHEZ MALLET-BACHELIER,
LIBRAIRE,
Quai des Augustins, 55.

VERSAILLES,
CHEZ BRIÉ, LIBRAIRE,
Rue de la Paroisse, 65.

1858

TABLE DES MATIÈRES.

CHAPITRE VII.

CHAPITRE VIII.

CHAPITRE IX.

FAUTES A CORRIGER AVANT DE LIRE L'OUVRAGE.

pages	lignes	au lieu de	lisez
41,	7,	celle 5862	celle de 5862.
64,	1,	568	5687.
80,	1,	suite	suites :
89,	15,	28,75	28,46.
93,	9,	petite	petite que.
109,	8,	moins un	plus un.
115,	5,	999	990.
115,	17,	nombres	membres.
120,	12,	la somme	la différence.
127,	12,	le plus	le plus petit.
127,	14,	en multiple	en multiplie.
127,	15,	il multiple	il multiplie.
127,	15,	peti	petit.
133,	8,	le premier	premier.
144,	18,	fois petite	fois plus petite.
167,	10,	$2^3 \times 3^3$	$2^3 \times 5^3$.
167,	13,	$5^5 + 2^2$	$5^3 \times 2^2$.
167,	14,	$5^3 \times 3^3$	$5^3 \times 2^3$.
185,	12,	grandeur	grandeurs.

EXPLICATION .

DE QUELQUES TERMES D'UN FRÉQUENT USAGE.

Proposition. C'est un assemblage de mots par lequel on exprime l'existence d'une certaine relation entre deux idées.

On y distingue trois parties qui, parfois, se réduisent à trois mots : un *sujet*, un *verbe* et un *attribut*.

Définition. C'est une proposition dont le sujet n'est que le nom de la chose signifiée par l'attribut.

Axiome. C'est une proposition évidente *à priori*, et dont la vérité, par conséquent, s'impose immédiatement à l'esprit.

Théorème. C'est une proposition dont la vérité se prouve par un raisonnement qu'on appelle *démonstration*.

Dans un théorème, le sujet prend le nom d'*hypothèse* et l'attribut celui de *conclusion*.

RÉCIPROQUE. C'est une proposition qu'on obtient en changeant, dans un théorème, la conclusion en hypothèse et l'hypothèse en conclusion.

PROBLÈME. C'est une question énoncée avec des conditions suffisantes pour en déduire la *solution*.

COROLLAIRE. C'est une conséquence évidente d'un théorème démontré ou d'un problème résolu.

SCOLIE. C'est une remarque à propos d'un théorème démontré, d'un problème résolu ou d'une théorie établie.

LEMME. C'est une proposition auxiliaire qu'on établit pour faciliter la démonstration d'un théorème ou la solution d'un problème.

ÉGALITÉ. C'est un assemblage de deux quantités égales. Ainsi, pour indiquer qu'une quantité a est égale à un autre b, on écrit $a = b$, ce qu'on énonce : *a égale b*.

INÉGALITÉ. C'est un assemblage de deux quantités inégales. Ainsi, pour indiquer qu'une quantité a est plus grande ou plus petite qu'une autre b, on écrit $a > b$ ou $a < b$, ce qu'on énonce : *a plus grand que b*, *ou a plus petit que b*.

Les quantités telles que a et b, séparées par les signes $=$, $>$, $<$, s'appellent *membres*.

ÉLÉMENTS

DE LA

SCIENCE DES NOMBRES

CHAPITRE PREMIER.

NOTIONS PRÉLIMINAIRES. — NUMÉRATION DES NOMBRES ENTIERS. — NUMÉRATION DES FRACTIONS DÉCIMALES. — NUMÉRATION DES FRACTIONS ORDINAIRES.

Notions préliminaires.

1. LA SCIENCE DES NOMBRES, ou l'*arithmétique* comme on l'appelle, se distingue en théorique et pratique, selon qu'on y considère les nombres en eux-mêmes, ou que l'on a égard à la nature des quantités qu'ils représentent.

2. Par *quantité* on entend toute chose qui, étant susceptible d'augmentation et de diminution, peut se diviser en parties de la même nature que le tout, comme les lignes, les surfaces, les volumes, les troupeaux, les armées, les populations.

3. Les quantités sont continues ou discontinues, selon qu'elles forment des tous homogènes sans distinction de parties, comme les lignes, les surfaces, les volumes; ou bien des réunions d'individus de même espèce, comme les troupeaux, les armées, les populations.

4. Pour juger de la grandeur d'une quantité, on la compare à une autre de même espèce, dont on a l'idée, et que pour cette raison on appelle *unité*.

5. A cet égard il convient de faire observer que l'unité est toujours arbitraire. Cependant il est naturel, lorsqu'il s'agit d'une quantité discontinue, de considérer comme unité, chacun des individus dont la collection se compose.

6. Par la comparaison d'une quantité à son unité, on acquiert la connaissance du rapport de l'une à l'autre, et c'est l'expression même de ce rapport qu'on appelle *nombre*.

7. Si la quantité contient l'unité une ou plusieurs fois et rien de plus, le nombre résultant est dit *entier*; c'est une *fraction* si la quantité ne contient qu'une ou plusieurs parties aliquotes de l'unité; enfin c'est un nombre *fractionnaire*, si la quantité contient une ou plusieurs unités et en outre une ou plusieurs parties aliquotes de cette unité.

8. Le rapport de la droite A |___|___|___|___| B à la droite C |___| D, c'est le nombre entier 4, parce qu'il exprime combien AB contient de fois CD; le rapport de

la droite E|⌐⌐⌐|F à la droite G|⌐⌐⌐⌐⌐|H, c'est la fraction *décimale* six dixièmes, ou la fraction *ordinaire* trois cinquièmes, parce que l'une exprime combien EF contient de fois le dixième de GH, et l'autre combien EF contient de fois le cinquième de GH. Enfin le rapport de la droite M|⌐⌐⌐⌐|N à la droite P|⌐⌐|Q, c'est le nombre fractionnaire quatre trois-cinquièmes, parce qu'il exprime combien MN contient de fois PQ et de fois le cinquième de PQ.

Numération des nombres entiers.

9. On désigne ainsi l'art de former les nombres, de les énoncer et de les écrire. La première de ces trois parties s'appelle *génération* des nombres, la seconde *nomenclature* des nombres et plus souvent numération parlée, la troisième enfin s'appelle numération écrite.

10. L'unité est le plus petit des nombres entiers; une autre unité ajoutée à celle-ci fait un autre nombre, une nouvelle unité ajoutée à ce dernier en détermine un nouveau, et c'est en continuant d'ajouter ainsi une unité au dernier nombre obtenu, qu'on obtient ce qu'on appelle la suite indéfinie des nombres entiers.

11. Le but qu'on se propose dans la numération parlée, c'est d'énoncer avec peu de mots tous les nombres dont on a besoin. On y réussit par l'emploi de différents ordres d'unités, qu'on est convenu de

former successivement, en réunissant pour chacune d'elles dix unités de l'ordre précédent. De là:

12. Unités du premier ordre ou *simples* : un, deux, trois, quatre, cinq, six, sept, huit, et neuf; unités du deuxième ordre ou *dizaines* : (unante) dix, (duante) vingt, trente, quarante, cinquante, soixante, (septante) soixante-dix, (octante) quatre-vingts, et (nonante) quatre-vingt-dix; unités du troisième ordre ou *centaines* : un cent, deux cents... neuf cents; unités du quatrième ordre ou *mille* : un mille, deux mille, etc.

13. En faisant précéder les noms un, deux... neuf, de chacun des noms dix, vingt... quatre-vingt-dix ; on forme les noms composés et connus, à l'aide desquels on achève de désigner les nombres de la suite naturelle jusqu'à quatre-vingt-dix-neuf.

14. En faisant de même précéder ceux-ci des noms cent, deux cents... neuf cents, on forme des noms plus composés et aussi connus, à l'aide desquels on désigne les nombres suivants de la suite naturelle jusqu'à neuf cent quatre-vingt-dix-neuf.

15. Après avoir ainsi compté par unités, dizaines et centaines d'unités simples, ou unités principales du premier ordre ; on compte de même par unités, dizaines et centaines de mille, ou unités principales du deuxième ordre; par unités, dizaines et centaines de millions, ou unités principales du troisième ordre, etc.

16. Pour énoncer un nombre pris au-dessus de mille dans la suite indéfinie des nombres entiers, on

énonce successivement les centaines, dizaines et unités de chaque ordre ternaire, en ayant soin de commencer par les unités de l'ordre le plus élevé.

Ainsi le nombre composé de neuf unités simples, huit dizaines, sept centaines, six mille, cinq dizaines de mille, quatre centaines de mille, trois millions et deux dizaines de millions, s'énoncera : vingt-trois millions, quatre cent cinquante-six mille, sept cent quatre-vingt-neuf.

17. Le but qu'on se propose dans la numération écrite, c'est de représenter avec peu de chiffres, 0, 1, 2, 3, 4, 5, 6, 7, 8, 9, tous les nombres exprimés en langage ordinaire. On y réussit en attribuant aux chiffres deux valeurs : une absolue, pour indiquer combien le nombre qu'on veut écrire renferme d'unités de chaque ordre; l'autre relative, pour faire connaître l'ordre même de ces unités.

18. La valeur absolue d'un chiffre dépend de sa forme et sa valeur relative de cette convention que : tout chiffre écrit à gauche d'un autre représente des unités de l'ordre immédiatement au-dessus. De là cette nécessité d'employer le zéro, ou chiffre sans valeur, pour figurer les ordres d'unités qui manquent dans beaucoup de nombres.

19. Pour écrire en chiffres un nombre exprimé en langage ordinaire, on écrit successivement à droite l'un de l'autre les chiffres qui représentent les centaines, dizaines et unités de chaque ordre ternaire, en commençant par les unités de l'ordre le plus élevé.

Ainsi le nombre huit millions, sept cent soixante-cinq mille, quatre cent trente-deux, s'écrit 8765432. et le nombre huit millions, cinq mille trente-deux s'é-crira ; 8005032.

20. Réciproquement pour énoncer un nombre écrit en chiffres, on le sépare en tranches de trois chiffres en partant de la droite, sauf à ne laisser que deux ou même qu'un seul chiffre dans la dernière tranche à gauche; on énonce alors successivement les centaines, dizaines et unités de chaque tranche, en ayant soin de faire suivre chaque énoncé du nom des unités principales de chaque tranche.

Ainsi le nombre 2345678, s'énonce deux millions, trois cent quarante-cinq mille, six cent soixante-dix-huit, et le nombre 2305008, s'énoncera : deux millions, trois cent cinq mille, huit.

21. La collection de chiffres nécessaires pour écrire les nombres est, en y comprenant le zéro, égal à *dix*; c'est-à-dire au nombre d'unités de chaque ordre qu'il faut réunir, pour former une unité de l'ordre suivant, et qu'on appelle *base* du système de numération.

22. On conçoit par ce qui précède qu'on pourrait écrire tous les nombres de la suite naturelle, en prenant pour base du système un tout autre nombre que dix.

23. Si on prenait huit par exemple, les chiffres 8 et 9 seraient hors d'usage. Huit serait alors une unité

de deuxième ordre et s'écrirait 10 ; neuf s'écrirait 11, dix s'écrirait 12, etc. Seize ou deux unités du deuxième ordre s'écrirait 20, dix-sept s'écrirait 21, etc.

24. Si on prenait douze pour base, il faudrait créer deux chiffres pour représenter les nombres dix et onze. Douze serait alors une unité du deuxième ordre et s'écrirait 10, treize s'écrirait 11, quatorze s'écrirait 12, etc. Vingt-quatre ou deux unités du deuxième ordre s'écrirait 20, vingt-cinq s'écrirait 21, etc.

25. Il est clair actuellement qu'en écrivant ou en effaçant un zéro sur la droite d'un nombre, on le rend dix fois plus grand ou plus petit ; en général on le rend autant de fois plus grand ou plus petit qu'il y a d'unités dans la base du système de numération.

Numération des fractions décimales.

26. Si l'on conçoit l'unité divisée en 10 ou 100 ou 1000, etc., parties égales et qu'on prenne plus ou moins de ces parties, on aura ce qu'on appelle des fractions *décimales*, telles que 3 dixièmes ou 35 centièmes ou 357 millièmes, etc.; fractions que d'ailleurs on écrit : 0,3 ou 0,35 ou 0,357, etc.

27. La raison de cette notation, c'est que le zéro qui précède la virgule étant considéré comme occupant la place des unités simples, le chiffre 3 qui le suit exprime par sa position, des dixièmes d'unités ou simplement des dixièmes ; le chiffre 5 qui vient après

le chiffre 3 exprimera pour la même raison des dixièmes de dixièmes, c'est-à-dire des centièmes d'unités, ou simplement des centièmes ; enfin le chiffre 7 qui vient après le chiffre 5 exprimera de même des dixièmes de centièmes, c'est-à-dire des millièmes d'unités ou simplement des millièmes.

28. Bien que la notion d'une fraction décimale suppose évidemment deux nombres, dont l'un indique la nature des parties de l'unité, et l'autre combien on prend de ces parties, la notation précédente permet néanmoins de la représenter par un nombre unique, que du reste on énonce, abstraction faite de la virgule, comme un nombre entier, en ayant soin de faire suivre cet énoncé du mot dixièmes ou centièmes ou millièmes, etc. Selon que l'expression numérique compte un chiffre, ou deux chiffres, ou trois chiffres, etc., depuis la virgule jusqu'à la dernière figure à droite.

Numération des fractions ordinaires.

29. Si l'on conçoit l'unité divisée en 2 ou 3 ou 4 parties égales, et qu'on prenne 1 ou 2 ou 3 de ces parties, on aura trois fractions qu'on énonce une demie ou deux tiers ou trois quarts, et qu'on écrit $\frac{1}{2}$ ou $\frac{2}{3}$ ou $\frac{3}{4}$.

Or on peut aussi bien concevoir l'unité divisée en 5 ou 6 ou 7, etc., parties égales qu'on appellera :

cinquièmes ou sixièmes ou septièmes, etc., et prendre plus ou moins de ces parties; on aura d'autres
fractions telles que : quatre cinquièmes ou cinq
sixièmes ou six septièmes, etc., et qu'on écrira comme
les précédentes, $\frac{4}{5}$ ou $\frac{5}{6}$ ou $\frac{6}{7}$.

30. La notion d'une fraction ordinaire, comme
celle d'une fraction décimale, suppose aussi deux
nombres : l'un qui indique en combien de parties
l'unité est divisée et qu'on appelle *dénominateur;*
l'autre qui indique combien on prend de ces parties
et qu'on appelle *numérateur.* On écrit toujours ces
deux termes l'un sous l'autre en les séparant par un
trait.

31. En général, pour énoncer une fraction dont le
dénominateur n'est pas 2 ou 3 ou 4, on énonce d'a-
bord le numérateur et ensuite le dénominateur,
comme des nombres abstraits, en ayant soin de faire
prendre au dernier énoncé la terminaison ième ou
ièmes. Ainsi : $\frac{1}{8}$ s'énoncera : un huitième, et $\frac{5}{12}$ s'é-
noncera : cinq douzièmes; quoique souvent on se
borne à dire : 1 *sur* 8 et 5 *sur* 12.

32. Une fraction décimale peut, sans perdre cette
qualité, revêtir la forme d'une fraction ordinaire;
c'est ainsi que l'on a : $0,7 = \frac{7}{10}$ ou $0,027 = \frac{27}{1000}$ ou
$0,00127 = \frac{127}{100000}$, etc.

CHAPITRE II.

ADDITION DES NOMBRES ENTIERS. — SOUSTRACTION DES NOMBRES ENTIERS. — PREUVES DE L'ADDITION ET DE LA SOUSTRACTION. — MULTIPLICATION DES NOMBRES ENTIERS. — CAS PARTICULIERS DE LA MULTIPLICATION. — DIVISION DES NOMBRES ENTIERS. — CAS PARTICULIERS DE LA DIVISION. — PREUVES DE LA MULTIPLICATION ET DE LA DIVISION.

Addition des nombres entiers.

33. C'est une opération où l'on a pour but de réunir plusieurs nombres en un seul qu'on appelle *somme* ou *total*.

On indique la somme de deux nombres donnés en interposant entre eux le signe $+$ qu'on énonce *plus*. Ainsi pour indiquer la somme des nombres 7 et 4, on écrit : $7 + 4$ et on énonce 7 *plus* 4.

34. 1ᵉʳ CAS : Les nombres donnés n'ont qu'un chiffre chacun.

On obtient la somme en ajoutant successivement

au premier toutes les unités du second, puis au résultat toutes les unités du troisième et ainsi de suite.

Soit proposé d'ajouter au nombre 7 le nombre 4.

Vous direz ou vous écrirez en procédant de cette manière :

$$7+1=8$$
$$8+1=9$$
$$9+1=10$$
$$10+1=11, \text{ donc } 7+4=11.$$

35. On construit cette table en écrivant la suite naturelle des nombres entiers, savoir : sur une première ligne depuis 0 jusqu'à 9; sur une seconde depuis 1 jusqu'à 10; sur

TABLE D'ADDITION.

0	1	2	3	4	5	6	7	8	9
1	2	3	4	5	6	7	8	9	10
2	3	4	5	6	7	8	9	10	11
3	4	5	6	7	8	9	10	11	12
4	5	6	7	8	9	10	11	12	13
5	6	7	8	9	10	11	12	13	14
6	7	8	9	10	11	12	13	14	15
7	8	9	10	11	12	13	14	15	16
8	9	10	11	12	13	14	15	16	17
9	10	11	12	13	14	15	16	17	18

une troisième depuis 2 jusqu'à 11, et ainsi de suite.

36. Au moyen de cette table, on trouve la somme de deux nombres d'un seul chiffre, à l'intersection des deux bandes horizontale et verticale qui commencent par les deux nombres donnés.

Ainsi, pour avoir la somme des deux nombres 7 et
4, on prend le nombre 11 à l'intersection de la bande
horizontale qui commence par 7, avec la bande verticale qui commence par 4.

Car il résulte de la construction même de cette
table que dans chaque bande horizontale, le deuxième
nombre est égal au premier plus 1, le troisième est
égal au premier plus 2, le quatrième est égal au premier plus 3, et ainsi de suite ; c'est-à-dire que chaque
nombre d'une bande horizontale est égal au premier
de cette bande, plus le chiffre correspondant de la
première, puisqu'elle commmence par 0.

37. 2ᵉ CAS : Les nombres donnés ont plusieurs
chiffres chacun.

On obtient la somme par une suite d'additions partielles qu'on effectue successivement sur les unités
des différents ordres, en ayant soin de reporter s'il
y a lieu, d'une somme partielle sur la suivante, les
unités de son ordre.

Soit proposé d'additionner les nombres 4698, 7586
et 3462.

RÈGLE : Superposez les nombres donnés
de manière que les unités de chaque ordre
occupent la même colonne, et soulignez le
tout pour en séparer la somme. Cela fait,
vous direz, en commençant par la droite : 8 et 6 font
14 et 2 font 16, je pose 6 et je retiens 1 ; 1 de retenu
et 9 font 10 et 8 font 18 et 6 font 24, je pose 4 et je

retiens 2; 2 de retenu et 6 font 8 et 5 font 13 et 4 font 17, je pose 7 et je retiens 1; 1 de retenu et 4 font 5 et 7 font 12 et 3 font 15, je pose 5 et j'avance 1. Le nombre 15746 ainsi obtenu sera la somme demandée.

Car en écrivant 6 au lieu de 16 sous la première colonne, je diminue de 10 unités simples le total cherché, mais en augmentant de 1 la seconde somme partielle j'augmente ce même total d'une dizaine. Or, le diminuer de 10 unités simples d'une part, et de l'autre l'augmenter d'une dizaine, c'est au fond lui conserver sa valeur. De même en écrivant 4 au lieu de 24 sous la deuxième colonne, je diminue de 20 dizaines le total cherché, mais en augmentant de 2 la troisième somme partielle, j'augmente le même total de 2 centaines. Or, le diminuer de 20 dizaines d'une part et de l'autre l'augmenter de 2 centaines, c'est au fond lui conserver sa valeur, etc.

38. Si les nombres donnés sont en trop grande quantité pour qu'on puisse les superposer en une seule colonne, on les distribue en plusieurs groupes distincts qu'on additionne séparément, puis on fait la somme des résultats obtenus; ou bien encore on fait entrer la somme du premier groupe dans l'addition du second, puis la nouvelle somme dans l'addition du troisième, et ainsi de suite jusqu'au dernier groupe sous lequel on trouve la somme de tous les nombres donnés.

Soustraction des nombres entiers.

39. C'est une opération où l'on a pour but de retrancher un nombre d'un autre ; ou bien encore de trouver l'excès d'un nombre sur un autre ; ou bien enfin la somme de deux nombres et l'un de ces nombres étant donné, de trouver l'autre qu'on appelle *reste* ou *différence*.

On indique la différence de deux nombres donnés, en interposant entre eux le signe — qu'on énonce *moins*. Ainsi pour indiquer la différence des deux nombres 11 et 4, on écrit 11 — 4 et on énonce 11 *moins* 4.

1er Cas : Le nombre à soustraire n'a qu'un chiffre, l'autre en peut avoir plusieurs.

On obtient la différence en retranchant successivement du plus grand toutes les unités du plus petit.

Soit proposé de retrancher du nombre 11 le nombre 4.

Vous direz ou vous écrirez en procédant de cette manière :

$$11 - 1 = 10$$
$$10 - 1 = 9$$
$$9 - 1 = 8$$
$$8 - 1 = 7, \text{ donc } 11 - 4 = 7.$$

40. Si l'on veut recourir à cette table, qui ne diffère de la précédente que par la manière dont il convient de s'en servir ici, on cherchera le plus grand des deux nombres

TABLE DE SOUSTRACTION.

0	1	2	3	4	5	6	7	8	9
1	2	3	4	5	6	7	8	9	10
2	3	4	5	6	7	8	9	10	11
3	4	5	6	7	8	9	10	11	12
4	5	6	7	8	9	10	11	12	13
5	6	7	8	9	10	11	12	13	14
6	7	8	9	10	11	12	13	14	15
7	8	9	10	11	12	13	14	15	16
8	9	10	11	12	13	14	15	16	17
9	10	11	12	13	14	15	16	17	18

donnés, dans la bande horizontale qui commence par le plus petit, alors le chiffre par lequel commence la bande verticale, qui contient aussi ce nombre, exprime la différence cherchée.

Ainsi pour avoir la différence des deux nombres 11 et 4, on cherchera le nombre 11 dans la bande horizontale qui commence par 4, alors le chiffre 7 par lequel commence la bande verticale, qui contient aussi 11, est la différence demandée.

41. 2ᵉ Cas : Les nombres donnés ont plusieurs chiffres chacun.

On obtient la différence par une suite de soustractions partielles qu'on effectue successivement sur les unités des différents ordres, en ayant soin d'augmenter de 10 chaque chiffre trop faible et de 1 le chiffre à gauche de chaque chiffre trop fort.

Soit proposé de soustraire du nombre 7542 le nombre 2685.

RÈGLE. Superposez les nombres donnés de manière que les unités de chaque ordre oc-cupent la même colonne, et soulignez le tout pour en séparer la différence ; cela fait, vous direz en commençant par la droite : 5 de 12 reste 7 et je retiens 1 ; 1 de retenu et 8 font 9, de 14 reste 5 et je retiens 1 ; 1 de retenu et 6 font 7, de 15 reste 8 et je retiens 1 ; 1 de retenu et 2 font 3, de 7 reste 4 ; le nombre 4857 ainsi obtenu sera la différence demandée.

$$\begin{array}{r} 7542 \\ 2685 \\ \hline 4857 \end{array}$$

Car en augmentant de 10 le chiffre 2 de la première colonne, j'augmente de 10 unités simples la différence cherchée ; mais en augmentant de 1 le chiffre 8 de la seconde colonne, je diminue cette même différence d'une dizaine ; or l'augmenter de 10 unités simples d'une part et de l'autre la diminuer d'une dizaine, c'est au fond lui conserver sa valeur. De même en augmentant de 10 le chiffre 4 de la deuxième colonne, j'augmente de 10 dizaines la différence cherchée ; mais en augmentant de 1 le chiffre 6 de la troisième colonne, je diminue la même différence d'une centaine ; or l'augmenter de 10 dizaines d'une part et de l'autre la diminuer d'une centaine, c'est au fond lui conserver sa valeur, etc.

42. Si d'un seul nombre on avait à retrancher plu-

sieurs nombres donnés, on additionnerait d'abord tous les nombres à soustraire et l'on retrancherait ensuite la somme du nombre proposé, ou bien encore on retrancberait du nombre proposé le premier nombre à soustraire ; du résultat obtenu on retrancherait le second, puis du nouveau résultat on retrancherait le troisième et ainsi de suite.

Preuves de l'addition et de la soustraction.

Ces deux opérations étant contraires, se vérifient naturellement l'une par l'autre.

43. Pour vérifier l'addition, on retranche de la somme obtenue l'un des nombres donnés et l'on doit obtenir la somme des autres. On peut aussi vérifier l'addition par l'addition même, car il suffit pour cela de calculer les sommes partielles de bas en haut, si on les a d'abord calculées de haut en bas.

44. Pour vérifier là soustration, on ajoute le résultat obtenu au plus petit des deux nombres donnés et l'on doit obtenir le plus grand. On peut aussi vérifier la soustration par la soustraction même, car il suffit pour cela de retrancher le résultat obtenu du plus grand des deux nombres donnés, et l'on doit obtenir le plus petit.

Multiplication des nombres entiers.

45. C'est une opération où l'on a pour but de com-

poser avec deux nombres donnés, l'un appelé *multi-plicande*, l'autre *multiplicateur*, un troisième nombre appelé *produit*, et qui contienne le multiplicande autant de fois que le multiplicateur contient l'unité.

En général : multiplier l'un par l'autre deux nombres quels qu'ils soient, c'est calculer un produit qui contienne le multiplicande ou une partie aliquote du multiplicande, un certain nombre de fois indiqué par le multiplicateur.

Le multiplicande et le multiplicateur s'appellent conjointement les deux *facteurs* du produit.

On dit qu'un nombre est *multiple* d'un autre quand il le contient un certain nombre de fois et rien de plus. On dit alors que le second nombre est un *sous-multiple* du premier.

Ainsi 28 est un multiple de 7, parce qu'il le contient 4 fois et rien de plus : il s'ensuit que 7 est un sous-multiple de 28.

On indique le produit de deux facteurs, en interposant entre eux le signe $\times$ ou , qu'on énonce *multiplié par*. Ainsi pour indiquer le produit de 7 par 4, on écrit 7×4 ou $7 . 4$, et on énonce *7 multiplié par 4*.

46. 1ᵉʳ Cas. Le multiplicande et le multiplicateur n'ont qu'un chiffre chacun.

On obtient le produit en calculant la somme d'autant de nombres égaux chacun au multiplicande qu'il y a d'unités au multiplicateur.

Soit proposé de multiplier le nombre 7 par le nombre 4.

Vous direz ou vous écrirez en procédant de cette manière :

$7+7=14$

$14+7=21$

$21+7=28$, donc $7\times4=28$.

47. On construit cette table en écrivant la suite naturelle des nombres, savoir : sur une première ligne, depuis 1 jusqu'à 9 ; sur une seconde ligne, de 2 en 2, depuis 2 jusqu'à 18 ;

TABLE DE MULTIPLICATION.

1	2	3	4	5	6	7	8	9
2	4	6	8	10	12	14	16	18
3	6	9	12	15	18	21	24	27
4	8	12	16	20	24	28	32	36
5	10	15	20	25	30	35	40	45
6	12	18	24	30	36	42	48	54
7	14	21	28	35	42	49	56	63
8	16	24	32	40	48	56	64	72
9	18	27	36	45	54	63	72	81

sur une troisième ligne, de 3 en 3, depuis 3 jusqu'à 27, et ainsi de suite.

48. Au moyen de cette table, on trouve le produit de deux nombres d'un seul chiffre à l'intersection des deux bandes, l'une horizontale, l'autre verticale, qui commencent par les deux nombres donnés.

Ainsi pour avoir le produit des deux nombres 7 et 4, je prends le nombre 28 qui se trouve à l'intersection de la bande horizontale qui commence par 7 avec la bande verticale qui commence par 4.

Car il résulte de la construction même de cette table que le deuxième nombre est égal à 2 fois le premier ; le troisième est égal à 3 fois le premier, et ainsi de suite ; c'est-à-dire que chaque nombre d'une bande horizontale est égal au premier de cette bande multiplié par le chiffre correspondant de la première, puisqu'elle commence par 1.

49. 2ᵉ Cas. Le multiplicande a plusieurs chiffres, le multiplicateur n'en a qu'un.

Soit proposé de multiplier le nombre 789 par le nombre 4.

Règle. Écrivez le multiplicande et au-dessous le multiplicateur ; soulignez le tout pour en séparer le produit. Cela fait, vous direz en commençant par la droite : 4 fois 9 font 36, je pose 6 et retiens 3 ; 4 fois 8 font 32 et 3 de retenu font 35, je pose 5 et je retiens 3 ; 4 fois 7 font 28 et 3 de retenu font 31, je pose 1 et j'avance 3. Le nombre 3156 ainsi obtenu sera le produit demandé.

$$\begin{array}{r} 789 \\ 4 \\ \hline 3156 \end{array}$$

En effet, le moyen le plus élémentaire d'obtenir un nombre qui contienne 4 fois 789, c'est de superposer dans une colonne quatre nombre égaux à chacun 789 et de les additionner. En opérant ainsi, j'observe que les sommes partielles sont identiques aux produits partiels ; j'observe en outre que les unités qu'il faut reporter d'une somme partielle sur la suivante sont les mêmes que celles qu'il faut reporter d'un produit partiel sur le suivant. Il est donc permis de substituer le premier procédé au second et c'est ce que l'on fait avec avantage.

50. 3° Cas. Le multiplicande et le multiplicateur ont plusieurs chiffres chacun.

Soit proposé de multiplier le nombre 789 *par le nombre* 468.

Écrivez le multiplicande, et au-dessous le multiplicateur; soulignez le tout pour en séparer les produits. Cela fait, multipliez d'abord le multiplicande 789 par le chiffre 8 des unités du multiplicateur et posez le produit 6312 sous les deux facteurs; multipliez ensuite 789 par le chiffre 6 des dizaines du multiplicateur et posez le nouveau produit 4734 sous le précédent, en le portant d'un rang vers la gauche; multipliez enfin 789 par le chiffre 4 des centaines du multiplicateur et posez ce dernier produit 3156 sous le précédent, en le portant aussi d'un rang vers la gauche; additionnez les trois produits dans cette disposition. La somme 369252 ainsi obtenue sera le produit demandé.

$$\begin{array}{r} 789 \\ 468 \\ \hline 6312 \\ 4734 \\ 3156 \\ \hline 369252 \end{array}$$

En effet, le multiplicateur étant égal à $400+60+8$, il suffit pour avoir le produit demandé de calculer trois nombres qui contiennent le multiplicande, savoir : le premier 8 fois, le second 60 fois et le troisième 400 fois, puis d'en faire la somme.

D'abord, il est clair que le calcul du premier se réduit au cas précédent de la multiplication. Reste à faire voir que le calcul de chacun des deux autres peut s'y réduire également.

Pour obtenir le second, je pourrais superposer dans une colonne 60 nombre égaux chacun à 789 et les additionner ; je pourrais encore distribuer les 60 nombres en 10 groupes de 6 nombres chacun, les additionner séparément et faire la somme des résultats ; je pourrais enfin n'additionner qu'un seul de ces groupes, et en rendre la somme 10 fois plus grande en écrivant un zéro à droite. Or cela revient à multiplier 789 par 6 et à écrire le produit sous le précédent, en le portant d'un rang vers la gauche.

Pour obtenir le troisième, je pourrais de même superposer dans une colonne 400 nombres égaux chacun à 789 et les additionner ; je pourrais également distribuer les 400 nombres en 100 groupes de 4 nombres chacun, les additionner séparément et faire la somme des résultats ; je pourrais enfin n'additionner qu'un seul de ces groupes et en rendre la somme 100 fois plus grande en écrivant deux zéros à droite. Or cela revient à multiplier 789 par 4 et à écrire le produit sous le précédent, en le portant d'un rang vers la gauche ; donc, etc.

Cas particuliers de la multiplication.

51. Si le multiplicande seul est terminé par des

zéros, on fera la multiplication sans en tenir compte, sous la condition d'en écrire le même nombre à droite du produit obtenu.

Ainsi, à la multiplication de 3400 par 18, on substituera celle de 34 par 18, sauf à écrire deux zéros à droite du produit 612.

Car on pourrait superposer dans une colonne 18 nombres égaux chacun à 3400 et les additionner ; mais alors les deux premiers chiffres à droite seraient visiblement deux zéros, et les autres à gauche formeraient un nombre 612 égal à 18 fois 34 ; donc, etc.

52. Si le multiplicateur seul est terminé par des zéros, on fera la multiplication sans en tenir compte, sous la condition d'en écrire le même nombre sur la droite du produit obtenu.

Ainsi, à la multiplication de 34 par 180, on substituera celle de 34 par 18, sauf à écrire un zéro à droite du produit 612.

Car on pourrait superposer dans une colonne 180 nombres égaux chacun à 34 et les additionner ; on pourrait aussi les distribuer en 10 groupes de 18 nombres chacun, les additionner séparément et faire la somme des résultats. Or chacun de ceux-ci serait égal à 18 fois 34 ; donc, en écrivant un zéro à droite de ce produit, on aura celui de 34 par 180.

Comme conséquence, on tire de là que la multiplication d'un nombre par 10, 100, 1000, etc., se réduit à écrire un zéro, deux zéros, trois zéros, etc., à droite du nombre. Ainsi pour multiplier 34 par 100, on écrira 3400.

53. Si les deux facteurs sont l'un et l'autre terminés par des zéros, on fera la multiplication sans en tenir compte, sous la condition d'en écrire le même nombre sur la droite du produit obtenu.

Ainsi, à la multiplication de 3400 par 180, on substituera celle de 34 par 18, sauf à écrire trois zéros à droite du produit 612.

Car pour obtenir le produit demandé, on fera d'abord abstraction du zéro qui termine le multiplicateur, sauf à l'écrire ensuite à droite du produit de 3400 par 18. Mais pour obtenir celui-ci, il faut faire abstraction des deux zéros qui terminent le multiplicande, et ensuite les écrire à droite du produit de 34 par 18 ; donc, etc.

Division des nombres entiers.

54. C'est une opération où l'on a pour but de partager un nombre appelé *dividende*, en autant de parties égales qu'il y a d'unités dans un autre appelé *diviseur* ; ce qui revient à dire : une opération où l'on a pour but de trouver combien de fois un nombre appelé dividende en contient un autre appelé diviseur. De là le nom de *quotient* donné au résultat de cette opération.

Lorsque le dividende est un multiple du diviseur, le

quotient complet est un nombre entier. Mais quand le dividende n'est pas un multiple du diviseur, le quotient complet est un nombre fractionnaire, dont la partie entière exprime seulement le plus grand nombre de fois que le dividende contient le diviseur. C'est pourquoi on définit la division des nombres entiers en disant :

C'est une opération où l'on a pour but de trouver le plus grand nombre de fois qu'un nombre donné et qu'on appelle dividende, en contient un autre aussi donné, et qu'on appelle diviseur.

En général diviser l'un par l'autre deux nombres quels qu'ils soient, c'est calculer combien de fois le dividende contient le diviseur, ou combien de fois le dividende contient une partie aliquote du diviseur.

55. On dit qu'un nombre est *divisible* par un autre, quand le quotient complet du premier par le second, est un nombre entier. On dit alors que le second est un *diviseur* du premier.

Ainsi 28 est divisible par 7 parce que le quotient complet de 28 par 7 est un nombre entier 4; il s'en suit que 7 est un diviseur de 28.

Pour indiquer le quotient de deux nombres on interpose entre eux le signe : ou — qu'on énonce *divisé par*. Ainsi pour indiquer le quotient de 28 par 7, on écrit $28 : 7$ ou $\frac{28}{7}$ et on énonce 28 *divisé par* 7. Cependant la notation $\frac{28}{7}$ qui est la plus usitée s'énonce souvent 28 *sur* 7.

56. 1ᵉʳ Cas. Le diviseur n'a qu'un chiffre et le dividende ne le contient pas 10 fois.

On obtient le quotient en retranchant successivement le diviseur du dividende, autant de fois que possible.

Soit proposé de diviser le nombre 28 par le nombre 7.

Vous direz ou vous écrirez en procédant de cette manière :

$$28 - 7 = 21$$
$$21 - 7 = 14$$
$$14 - 7 = 7$$
$$7 - 7 = 0, \text{ donc } 28 : 7 = 4.$$

Parce que 4 exprime combien de fois 28 contient 7.

Si l'on veut recourir à cette table qui ne diffère de la précédente que par la manière dont il convient de s'en servir ici, on cherchera le dividende donné dans la bande horizontale qui commence par le diviseur, alors le chiffre par lequel com-

TABLE DE DIVISION.

1	2	3	4	5	6	7	8	9
2	4	6	8	10	12	14	16	18
3	6	9	12	15	18	21	24	27
4	8	12	16	20	24	28	32	36
5	10	15	20	25	30	35	40	45
6	12	18	24	30	36	42	48	54
7	14	21	28	35	42	49	56	63
8	16	24	32	40	48	56	64	72
9	18	27	36	45	54	63	72	81

mence la bande verticale qui contient aussi le dividende exprime le quotient cherché.

Ainsi pour avoir le quotient de 28 par 7, je cherche dans la bande horizontale qui commence par 7 le nombre 28, alors le chiffre 4 par lequel commence la bande verticale qui contient aussi 28, est le quotient demandé.

57. S'il s'agissait de trouver le quotient de 32 par 7, je chercherais dans la bande horizontale qui commence par 7 le nombre 32, et à son défaut je m'arrêterais aux nombres 28 et 35 qui contiennent 7, l'un 4 fois, l'autre 5 fois; ainsi le quotient de 32 par 7 est un nombre fractionnaire, dont 4 et 5 sont à moins d'une unité des valeurs approchées, l'une par défaut, l'autre par excès.

58. 2e CAS. Le diviseur a plusieurs chiffres et le dividende ne le contient pas 10 fois.

Soit proposé de diviser le nombre 3698 par le nombre 789.

RÈGLE. Écrivez le dividende et sur la droite le diviseur; séparez-les par un trait vertical et soulignez le diviseur pour en séparer le quotient; cela fait, cherchez le plus grand nombre de fois que le chiffre 7 des plus hautes unités du diviseur 789, puis ce même chiffre augmenté de 1, c'est-à-dire 8, sont contenus dans les 36 unités de même ordre du dividende, et cela en disant : en 36 combien de fois 7? 5 fois; puis en 36 combien de fois 8? 4 fois. Vous aurez ainsi les deux limites du quotient.

En effet le dividende 3698 est égal au produit du diviseur par le quotient cherché, ou bien à ce même produit augmenté d'une quantité moindre que le diviseur. Or le produit mentionné est la somme des trois produits partiels que j'obtiendrais en multipliant successivement les 9 unités, les 8 dizaines et les 7 centaines du diviseur par le chiffre unique du quotient. Or le dernier de ces produits, parce qu'il exprime des centaines, se renferme dans les 36 centaines du dividende. C'est donc bien en cherchant le plus grand nombre de fois que 36 contient 7 ou 7 + 1, c'est-à-dire 8, que je réussirai à déterminer le quotient demandé.

59. Le chiffre 5 que je trouve en divisant 36 par 7 ne peut être trop petit.

Car l'excès de 36 sur 5 fois 7 est au plus égal à 6, par conséquent l'excès de 3600 sur 5 fois 700 est au plus égal à 600. Or 3698 ne peut excéder 3600 que d'une quantité moindre que 100; donc il contient au plus 5 fois 700 ; à plus forte raison contient-il au plus 5 fois 789 qui est plus grand que 700. Le quotient cherché est donc au plus 5.

60. Le chiffre 4 que je trouve en divisant 36 par 8, ne peut être trop grand.

Car 36 est égal à 4 fois 8 où bien il est plus grand, par conséquent 3600 est égal à 4 fois 800 ou bien il est plus grand. Or 3698 surpasse encore 3600 d'une quantité moindre que 100, donc il contient au moins 4 fois 800 ; à plus forte raison contient-il au moins 4 fois 789 qui est plus petit que 800. Le quotient cherché est donc au moins 4.

61. Quand les deux quotients qu'on obtient successivement sont identiques, le quotient cherché est déterminé immédiatement; s'ils diffèrent d'une unité seulement comme dans l'exemple actuel, un simple essai fera connaître le véritable, s'ils diffèrent de plus d'une unité un second essai pourra devenir nécessaire, mais rarement un troisième.

62. 3ᵉ Cas. Le diviseur a plusieurs chiffres, le dividende le contient plus de 10 fois.

Soit proposé de diviser le nombre 369875 *par le nombre* 789.

Règle. Écrivez le dividende et sur la droite le diviseur ; séparez-les par un trait vertical et soulignez le diviseur pour en séparer le quotient ; cela fait,

```
369875 |789
 5427  |‾‾‾‾
 6935  |468
  623  |
```

détachez à gauche du dividende total, un dividende partiel au moins égal au diviseur; divisez par 789 le nombre 3698 ainsi formé ; le quotient 4 de cette division sera le premier chiffre du quotient demandé. A droite du reste 542 abaissez le chiffre suivant 7 du dividende total ; et divisez par 789 le nombre 5427 ainsi formé ; le quotient 6 de cette division sera le second chiffre du quotient demandé. A droite du reste 693 abaissez le chiffre suivant 5 du dividende total; divisez par 789 le nombre 6935 ainsi formé; le quotient 8 de cette division sera le troisième et dernier chiffre du quotient demandé 468.

En effet le dividende 369875 est égal au produit du diviseur par le quotient demandé, ou bien à ce même produit augmenté d'une quantité moindre que le diviseur. Or le produit mentionné est la somme de plusieurs produits partiels dont le dernier occupe la gauche, et ne peut d'ailleurs être moindre que le diviseur. C'est ainsi qu'on est conduit à détacher à gauche du dividende total 369875 un dividende partiel 3698 au moins égal au diviseur.

63. Si 4 est le quotient de 3698 divisé par 789, je dis que 46 sera celui de 36987 divisé par le même diviseur. Car écrire le chiffre 7 à droite de 3698 qui est égal à 4 fois 789 plus une fois 542, c'est le multiplier par 10 et en outre l'augmenter de 7. Le nombre 36987 ainsi formé sera donc égal à 40 fois 789 plus 10 fois 542 et une fois 7. Or 542, reste de la précédente division, est plus petit au moins d'une unité que le diviseur 789, par conséquent 542 multiplié par 10 et en outre augmenté de 7, c'est-à-dire 5427 n'atteint pas 10 fois 789, il est donc vrai qu'en ajoutant à 40, ou ce qui revient au même, qu'en écrivant à droite du chiffre 4 le quotient 6 de la division de 5427 par le même diviseur, la somme 46 sera le quotient de 36987 divisé par 789;

car elle exprime le plus grand nombre de fois que le premier de ces nombres contient l'autre.

64. Si 46 est le quotient de 36987 divisé par 789, je dis maintenant que 468 sera celui de 369875 divisé par le même diviseur. Car écrire le chiffre 5 à droite de 36987, qui est égal à 46 fois 789 plus une fois 693, c'est aussi le rendre 10 fois plus grand et en outre l'augmenter de 5. Le nombre 369875 ainsi formé sera donc égal à 460 fois 789 plus 10 fois 693 et une fois 5. Or 693, reste de la précédente division, est plus petit au moins d'une unité que le diviseur 789. Par conséquent 693 multiplié par 10 et en outre augmenté de 5, c'est-à-dire 6935, n'atteint pas non plus 10 fois 789. Il est donc vrai enfin qu'en ajoutant à 460, ou ce qui revient au même, qu'en écrivant à droite de 46 le quotient 8 de la division de 6935 par le même diviseur, la somme 468 sera le quotient de 369875 divisé par 789; car elle exprime le plus grand nombre de fois que le premier de ces nombres contient l'autre.

Cas particuliers de la division.

65. Si le dividende et le diviseur sont terminés par des zéros, on en supprimera le même nombre de part et d'autre; le quotient ne changera pas, mais le reste sera divisé par 1 suivi du même nombre de zéros.

Ainsi à la division de 14400 par 3200 on substituera celle de 144 par 32 ; le quotient restera le même, mais le reste sera divisé par 100.

En effet le produit du diviseur 3200 par le quotient cherché sera terminé par deux zéros ; si on le retranche du dividende aussi terminé par deux zéros, le reste lui-même sera terminé par deux zéros ; c'est pourquoi la division faite comme d'habitude donne $144400 = 3200 \times 4 + 1600$, égalité qui se réduit à celle-ci $144 = 32 \times 4 + 16$. Donc, etc.

66. Si le diviseur seul est terminé par des zéros, on évitera d'en tenir compte en supprimant le même nombre de chiffres sur la droite du dividende ; le quotient ne changera pas, mais le reste sera diminué de l'ensemble des chiffres supprimés et en outre divisé par 1 suivi du même nombre de zéros.

Ainsi à la division de 14472 par 3200, on substituera celle de 144 par 32, le quotient restera le même, mais le reste sera diminué de 72 et en outre divisé par 100.

En effet le diviseur 3200 multiplié par le quotient cherché et retranché du dividende 14472, donne un reste au moins égal à 72. Or, quand on diminue un dividende d'une quantité qui n'excède pas le reste de la division, le quotient ne change pas, mais le reste diminue de cette même quantité. Il s'ensuit qu'à la division proposée, on peut substituer celle de 14400 par 3200 qui donnera le même quotient et un reste plus petit de 72 ; mais à celle-ci on peut substituer celle de

144 par 32, sans autre préjudice qu'un reste 100 fois plus petit. Donc, etc.

Comme conséquence on tire de là que la division d'un nombre par 10, 100, 1000, etc., se réduit à supprimer un chiffre, deux chiffres, trois chiffres, etc., à droite du nombre donné. La partie conservée à gauche sera le quotient et la partie supprimée à droite sera le reste.

Soit à diviser 14472 par 1000. Je supprime trois chiffres à droite du dividende 14472. La partie conservée 14 est le quotient, et la partie supprimée 472 est le reste de la division.

67. Si le dividende seul est terminé par des zéros et qu'on arrive à un reste nul avant de les avoir tous employés, il suffit pour terminer l'opération d'écrire ceux qui restent à droite du quotient correspondant.

Soit à diviser 14400 par 32. A la seconde division partielle le reste est nul et le quotient correspondant est 45. Je dis que le quotient demandé est 450. Car de ce que l'on a $1440 = 32 \times 45$, il faudra que l'on ait $14400 = 32 \times 450$. Donc, etc.

Preuves de la multiplication et de la division.

Ces deux opérations étant contraires se vérifient naturellement l'une par l'autre.

68. Pour vérifier la multiplication, on divise le produit obtenu par l'un des deux facteurs et l'on doit ob-

tenir l'autre pour quotient. On peut aussi vérifier la multiplication par la multiplication même, en prenant le multiplicateur pour multiplicande et le multiplicande pour multiplicateur.

69. Pour vérifier la division, on multiplie le diviseur par le quotient obtenu et l'on doit obtenir le dividende. On peut aussi vérifier la division par la division même, car en prenant le quotient pour nouveau diviseur, on doit trouver l'ancien diviseur pour nouveau quotient.

70. Cependant si la division ne s'est pas effectuée sans reste, il faut 1° ajouter le reste au produit du diviseur par le quotient pour obtenir le dividende; 2° retrancher le reste du dividende pour que la seconde division donne au quotient le diviseur de la première.

CHAPITRE III.

QUARRÉS DES NOMBRES ENTIERS. — RACINES QUARRÉES DES NOMBRES ENTIERS. — CUBES DES NOMBRES ENTIERS. — RACINES CUBIQUES DES NOMBRES ENTIERS. — PUISSANCES ET RACINES D'UN DEGRÉ QUELCONQUE.

Quarrés des nombres entiers.

71. On appelle *quarré* d'un nombre le produit qu'on obtient en multipliant ce nombre par lui-même. En d'autres termes, c'est le produit de deux facteurs égaux chacun à ce nombre.

Ainsi le quarré de 1 est 1, parce que $1 = 1 \times 1$. Le quarré de 5 est 25, parce que $25 = 5 \times 5$. Le quarré de 12 est 144, parce que $144 = 12 \times 12$.

C'est d'ailleurs ce que l'on indique de cette manière : $1^2 = 1$; $5^2 = 25$; $12^2 = 144$. Le chiffre 2 employé comme ci-dessus, et qu'on appelle *exposant,*

prévient que tout nombre qui en est affecté est supposé élevé à son quarré.

72. On élève au quarré des nombre tels que 10,
100, 1000, etc., en doublant le nombre de leurs zéros ; mais si les nombres sont tels que 50 , 1200, etc.,
il faut préalablement élever 5 ; 12, etc., au quarré.

Ainsi on aura : $10^2 = 100$; $100^2 = 10000$; $1000^2 =$
100000, etc. ; $50^2 = 2500$; $1200^2 = 1440000$, etc.

Cela résulte de la définition du quarré d'un nombre
et de la règle établie pour effectuer la multiplication
sur ces sortes de facteurs.

73. Puisque l'on a $1^2 = 1, 10^2 = 100, 100^2 = 10000,$
$1000^2 = 1000000$, etc., il s'ensuit que le quarré d'un
nombre a : un ou deux chiffres, trois ou quatre chiffres, cinq ou six chiffres, etc., selon que le nombre
lui-même en a un, deux ou trois, etc.

En général le quarré d'un nombre a au plus, deux
fois autant de chiffres que ce nombre lui-même et au
moins deux fois autant moins un.

74. Le quarré d'une somme composée de deux
parties se compose : du quarré de la première partie,
du double produit de la première partie par la
deuxième, et du quarré de la deuxième partie.

Ainsi on a : $(5 + 7)^2 = 5^2 + 2 (5 \times 7) + 7^2$.

Car multiplier la somme $5 + 7$ par elle-même, c'est
composer un produit qui contienne les deux parties
du multiplicande, d'abord 5 fois chacune, ce qui donne
$5^2 + 7 \times 5$, et en outre les mêmes parties du multi-

plicande 7 fois chacune, ce qui donne $5 \times 7 + 7^2$. On a donc en totalité $5^2 + 2 (5 \times 7) + 7^2$.

75. Au lieu de $5 + 7$ on peut écrire $50 + 7$ et alors on a $(50 + 7)^2 = 50^2 + 2 (50 \times 7) + 7^2$. D'où l'on voit que le quarré d'un nombre composé de dizaines et d'unités se compose : du quarré des dizaines, qui exprime des centaines, du double produit des dizaines par les unités qui exprime des dizaines, et du quarré des unités qui lui-même exprime des unités.

On voit en même temps que le quarré d'un nombre composé de dizaines et d'unités se termine par le même chiffre que le quarré des unités de ce nombre.

76. Au lieu de $5 + 7$ on peut encore écrire $5 + 1$; et alors on a $(5 + 1)^2 = 5^2 + 2 (5 \times 1) + 1^2$ ou $6^2 = 5^2 + 5 \times 2 + 1$, puis en retranchant 5 de part et d'autre, on a enfin $6^2 - 5^2 = 5 \times 2 + 1$. D'où l'on voit que la différence des quarrés de deux nombres entiers successifs est égale à deux fois le plus petit plus 1.

77. Cette proposition fournit, pour calculer les quarrés de la suite naturelle des nombres entiers, un procédé plus expéditif que celui de la multiplication de ces nombres par eux-mêmes.

Ainsi le quarré de 1 étant 1, si on ajoute à 1, 2 fois $1 + 1$ ou 3, on aura 4 qui est le quarré de 2. Si on ajoute à 4, 2 fois $2 + 1$ ou 5, on aura 9 qui est le quarré de 3 ; si on ajoute à 9, 2 fois $3 + 1$ ou 7, on aura 16 qui est le quarré de 4, etc.

La suite des nombres 1, 4, 9, 16, etc., qu'on obtient ainsi, se nomment quarrés parfaits. Par opposition on appelle quarrés imparfaits tous les autres nombres de la suite naturelle.

Racines quarrées des nombres entiers.

78. On appelle *racine quarrée* d'un nombre un autre nombre qui, multiplié par lui-même, reproduit le nombre donné ; en d'autre termes, c'est un autre nombre qui pris deux fois comme facteur reproduit le nombre donné.

Ainsi la racine quarrée de 1 est 1, parce que $1 \times 1 = 1$; la racine quarrée de 25 est 5, parce que $5 \times 5 = 25$; la racine quarrée de 144 est 12, parce que $12 \times 12 = 144$.

C'est d'ailleurs ce qu'on indique de cette manière $\sqrt{1} = 1$; $\sqrt{25} = 5$; $\sqrt{144} = 12$. Le signe $\sqrt{}$, employé comme ci-dessus et qu'on appelle radical du deuxième degré, prévient que tout nombre qui en est affecté, est supposé réduit à sa racine quarrée.

79. On extrait la racine quarrée des nombres tels que 100, 10000, 1000000, etc., en réduisant de moitié le nombre des zéros. Mais si les nombres sont tels que 2500, 1440000, etc., il faut préalablement prendre les racines quarrées de 25, 144, etc.

On aura donc $\sqrt{100} = 10$; $\sqrt{10000} = 100$; $\sqrt{1000000} = 1000$, etc. $\sqrt{2500} = 50$; $\sqrt{1440000} = 1200$.

80. Puisque l'on a : $\sqrt{1} = 1$, $\sqrt{100} = 10$, $\sqrt{10000} = 100$, $\sqrt{1000000} = 1000$, il s'ensuit que la racine quarrée d'un nombre a un chiffre, deux chiffres, trois chiffres, etc., selon que ce nombre en a lui-même un ou deux, trois ou quatre, cinq ou six, etc. Par conséquent :

Lorsque l'on coupe un nombre en tranches de deux chiffres en partant de la droite, le nombre des tranches est aussi celui des chiffres de sa racine quarrée.

81. L'extraction de la racine quarrée d'un nombre entier, consiste à trouver un autre nombre entier lui-même et dont le quarré soit égal au nombre donné, ou à ce même nombre diminué d'une quantité moindre que le double de la racine plus 1.

82. 1er Cas. Le nombre donné n'a pas plus de deux chiffres, par conséquent sa racine quarrée n'en a qu'un.

Soit proposé d'extraire la racine quarrée de 58.

L'opération, pour ce cas, se réduit à consulter la table ci-jointe, dont la première colonne contient la suite des nombres d'un seul chiffre, et la deuxième leurs quarrés respectifs.

A cet effet je cherche le nombre 58 dans la colonne des quarrés, et à son défaut je m'arrête au nombre 49 qui en approche le plus sans le surpasser. Le chiffre 7 qui lui correspond dans la colonne des racines, est à moins d'une unité la racine quarrée

1	1
2	4
3	9
4	16
5	25
6	36
7	49
8	64
9	81

de 58 ; car l'excès de 58 sur le quarré de 7 ou 49 est moindre que le double de 7 plus 1.

83. 2ᵉ Cas. le nombre donné a plus de deux chiffres et n'en a pas plus de quatre.

Soit proposé d'extraire la racine quarrée de 5862.

Règle. Coupez le nombre en tranches de deux chiffres en partant de la droite ; prenez la racine 7 du plus grand quarré 49 contenu dans la première tranche à gauche 58, vous aurez le premier chiffre de la racine demandée. A côté de l'excès 9 de 58 sur 49, abaissez la tranche suivante 62 ; du nombre 962 ainsi formé, détachez un chiffre à droite, vous aurez 96,2 ; divisez la partie à gauche 96 par 14, double du chiffre déjà obtenu, le quotient 6 sera l'autre chiffre de la racine demandée, si vous pouvez du nombre donné 5862 soustraire le quarré de 76, ou bien de 962, soustraire le double produit des 7 dizaines par les 6 unités, plus le quarré de ces unités. Dans le cas contraire, vous diminuerez le chiffre 6 de manière à rendre possible l'une ou l'autre de ces soustractions.

En effet, le nombre donné 5862 se coupant en deux tranches, sa racine a deux chiffres et se compose par conséquent de dizaines et d'unités. Il s'ensuit que le nombre donné est égal à la somme des trois parties du quarré de sa racine, ou bien à cette même somme augmentée d'une quantité moindre que le double de cette racine plus 1.

Or, le quarré des dizaines de la racine cherchée, parce qu'il exprime des centaines, se renferme dans les 58 centaines du nombre donné. D'ailleurs 58 est compris entre les quarrés successifs 49 et 64, dont les racines sont 7 et 8. Il s'ensuit que 5862 est lui-même compris entre les quarrés 4900 et 6400, dont les racines sont 70 et 80; par conséquent celle 5862, en ce qu'elle est comprise entre 70 et 80, se compose de 7 dizaines auxquelles peuvent se joindre des unités.

Pour en déterminer le nombre, je soustrais de 5862 le quarré 4900 des 7 dizaines. Le reste 962 est égal à la somme des deux autres parties du quarré de la racine, ou bien à cette même somme augmentée d'une quantité moindre que le double de cette racine plus 1. Or, le double produit des dizaines par les unités, parce qu'il exprime des dizaines, se renferme dans les 96 dizaines du reste 962, dont je détache pour cette raison le dernier chiffre à droite. C'est donc bien en divisant la partie à gauche 96, par 14 double des 7 dizaines, que j'obtiendrai les unités de la racine demandée.

Il peut arriver néanmoins que le chiffre qu'on trouve ainsi soit trop fort; car indépendamment du double produit des dizaines par les unités, la partie 96 à gauche du reste peut contenir un nombre de dizaines égal au double de celles de la racine et même plus grand, soit qu'il provienne du quarré des unités, ou bien de l'excès du nombre donné sur le quarré de la racine cherchée, soit enfin qu'il provienne des deux circonstances réunies. De là cette nécessité de le vérifier comme le prescrit la règle qu'on achève ainsi d'établir.

84. 3ᵉ Cas. Le nombre dont on demande la racine quarrée a plus de quatre chiffres.

Soit proposé d'extraire la racine quarrée de 586248.

Règle. Coupez le nombre donné en tranches de deux chiffres en partant de la droite; prenez la racine 76 du plus

$$\begin{array}{c|l} 58'6\ 2'48 & 765 \\ 9\ 6'2 & \overline{146\times 6} \\ 8\ 6\ 48 & 1525\times 5 \\ 1\ 0\ 23 & \end{array}$$

grand quarré contenu dans le nombre 5862 formé des deux premières tranches à gauche, vous aurez les deux premiers chiffres de la racine demandée; à côté du reste 86 dont 5862 surpasse le quarré de 76, abaissez la tranche suivante 48; détachez le dernier chiffre à droite du nombre 8648 ainsi formé; divisez la partie à gauche 864 par 152 double de 76; le chiffre 5 ainsi obtenu sera le troisième chiffre de la racine demandée, à moins qu'il ne soit trop fort, ce dont on s'assure comme dans le cas antérieur.

Si 76 est à moins d'une unité la racine quarrée de 5862, je dis que 765 sera celle de 586248; car 765 étant égal à 760 + 5, il s'en suit que 765^2 est égal à $(760 + 5)^2$, c'est-à-dire à $760^2 + 2(760 \times 5) + 5^2$. Or, 76^2 est contenu dans 5862 qui le surpasse de 86; par conséquent 760^2 sera contenu dans 586200 qui le surpasse de 8600, et à plus forte raison dans 586248 qui le surpassera de 8648. Si l'on suppose actuellement que cet excès contienne $2 (760 \times 5) + 5^2$, la partie à gauche 864, qui est à moins d'une unité le $\frac{1}{10}$ de 8648, contiendra à plus forte raison 5 fois 76×2 qui n'atteint pas le $\frac{1}{10}$ de $2 (760 \times 5) + 5^2$. Le quotient 5 de la division de 864 par 152, double de 76, exprimera les unités de la racine cherchée, s'il n'est pas trop fort pour que 8648 contienne $2 (760 \times 5) + 5^2$; car alors le nombre proposé 586248 contiendra $760^2 + 2 (760 \times 5) + 5^2$, c'est-à-dire le quarré de 765. Il est donc vrai dans cette hypothèse, qu'en ajoutant à 760, ou ce qui revient au même, qu'en écrivant à droite de 76 le quotient 5 de la division de 864 par 152, la somme 765 sera la racine demandée, et ainsi de suite, si le nombre 586248 était suivi d'une nouvelle tranche de deux chiffres.

85. Si le nombre dont on demande la racine quarrée se termine par un nombre pair de zéros, et que la racine quarrée de la partie significative de ce nombre s'obtienne sans reste, il suffit pour avoir la racine demandée, d'écrire à droite de celle obtenue la moitié du nombre des zéros.

Soit proposé d'extraire la racine quarrée de 184900.

Dès la seconde opération partielle le reste est nul et la racine correspondante est 43. Je dis que la racine demandée est 430. Car, de ce que l'on a $1849 = 43$

$\times 43 = 43^2$, on aura, en multipliant par 100 de part et d'autre, $184900 = 430 \times 430 = 430^2$.

Cubes des nombres entiers.

86. On appelle *cube* d'un nombre le produit qu'on obtient en multipliant le quarré de ce nombre par ce nombre lui-même. En d'autres termes, c'est le produit de trois facteurs égaux chacun à ce nombre.

Ainsi le cube de 1 est 1, parce que $1 = 1^2 \times 1$ ou $1 = 1 \times 1 \times 1$. Le cube de 5 est 125, parce que $125 = 5^2 \times 5$ ou $125 = 5 \times 5 \times 5$. Le cube de 12 est 1728, parce que $1728 = 12^2 \times 12$ où $1728 = 12 \times 12 \times 12$.

C'est d'ailleurs ce qu'on indique de cette manière : $1^3 = 1$, $5^3 = 125$, $12^3 = 1728$. Le chiffre 3, employé comme ci-dessus et qu'on appelle exposant, prévient que tout nombre qui en est affecté est supposé élevé à son cube.

87. On élève au cube des nombres tels que 10, 100, 1000, etc., en triplant le nombre des zéros. Mais si les nombres sont tels que 50, 1200, etc., il faut préalablement élever 5, 12, etc. au cube.

Ainsi on aura $10^3 = 1000$, $100^3 = 1000000$, $1000^3 = 1000000000$, etc., $50^3 = 125000$, $1200^3 = 1728000000$, etc.

Cela résulte de la définition du cube d'un nombre.

et de la règle établie pour effectuer la multiplication sur ces sortes de facteurs.

88. Puisque l'on a $1^3 = 1$, $10^3 = 1000$, $100^3 = 1000000$, $1000^3 = 1000000000$, etc., il s'ensuit que le cube d'un nombre a un, deux ou trois chiffres; quatre, cinq ou six chiffres; sept, huit ou neuf chiffres, etc., selon que ce nombre en a lui-même un, deux ou trois.

En général, le cube d'un nombre a au plus trois fois autant de chiffres que ce nombre lui-même, et au moins trois fois autant qu'il en a moins deux.

89. Le cube d'une somme composée de deux parties se compose : du cube de la 1re partie, du triple quarré de la 1re par la 2e, du triple de la 1re par le quarré de la 2e et du cube de la 2e.

Ainsi on a : $(5+7)^3 = 5^3 + 3(5^2 \times 7) + 3(5 \times 7^2) + 7^3$.

Car, en vertu de la définition, on a : $(5+7)^3 = (5+7)^2 \times (5+7)$ ou, en substituant à $(5+7)^2$ son développement, $(5+7)^3 = [5^2 + 2(5 \times 7) + 7^2](5+7)$ ou bien encore $5^3 + 2(5^2 \times 7) + 7^2 \times 5 + 5^2 \times 7 + 2(5 \times 7^2) + 7^3$, qui se réduit a : $5^3 + 3(5^2 \times 7) + 3(5 \times 7^2) + 7^3$.

90. Au lieu de $5+7$, on peut écrire $50+7$ et alors on a : $(50+7)^3 = 50^3 + 3(50^2 \times 7) + 3(50 \times 7^2) + 7^3$. D'où l'on voit que le cube d'un nombre composé de dizaines et d'unités se compose : du cube des dizaines, qui exprime des mille, du triple quarré des dizaines par les unités, qui exprime des centaines,

du triple des dizaines par le quarré des unités, qui exprime des dizaines, et du cube des unités qui lui-même exprime des unités.

On voit en même temps que le cube d'un nombre composé de dizaines et d'unités se termine par le même chiffre que le cube des unités de ce nombre.

91. Au lieu de $5+7$, on peut encore écrire $5+1$, et alors on a $(5+1)^3 = 5^3 + 3(5^2 \times 1) + 3(5 \times 1^2) + 1^3$ ou $6^3 = 5^3 + 5^2 \times 3 + 5 \times 3 + 1$. Puis en retranchant 5^3 de part et d'autre, on a enfin $6^3 - 5^3 = 5^2 \times 3 + 5 \times 3 + 1$. D'où l'on voit que la différence des cubes de deux nombres entiers successifs est égal au triple quarré du plus petit, plus trois fois le plus petit plus 1.

92. Cette proposition fournit, pour calculer les cubes de la suite naturelle des nombres entiers, un procédé moins expéditif que celui de la multiplication des quarrés de ces nombres par ces nombres eux-mêmes.

Ainsi le cube de 1 étant 1, si on ajoute à 1 le triple quarré de 1 plus 3 fois 1 plus 1, c'est-à-dire 7, on aura 8 qui est le cube de 2. Si on ajoute à 8 le triple quarré de 2 plus 3 fois 2 plus 1, c'est-à-dire 19, on aura 27 qui est le cube de 3. Si on ajoute à 27 le triple quarré de 3 plus 3 fois 3 plus 1, c'est-à-dire 37, on aura 64 qui est le cube de 4, etc.

Là suite des nombres 1, 8, 27, 64, etc., qu'on obtient ainsi, se nomment cubes parfaits. Par opposition on appelle cubes imparfaits, tous les autres nombres de la suite naturelle.

Racines cubiques des nombres entiers.

93. On appelle *racine cubique* d'un nombre un autre nombre dont le quarré multiplié par ce nombre lui-même reproduit le nombre donné. En d'autres termes, c'est un autre nombre, qui, pris trois fois comme facteur, reproduit le nombre donné.

Ainsi la racine cubique de 1 est 1, parce que $1^2 \times 1$ ou $1 \times 1 \times 1 = 1$; la racine cubique de 125 est 5, parce que $5^2 \times 5$ ou $5 \times 5 \times 5 = 125$; la racine cubique de 1728 est 12, parce que $12^2 \times 12$ ou $12 \times 12 \times 12 = 1728$.

C'est d'ailleurs ce qu'on indique de cette manière : $\sqrt[3]{1} = 1$; $\sqrt[3]{125} = 5$; $\sqrt[3]{1728} = 12$. Le signe $\sqrt[3]{}$ employé comme ci-dessus et qu'on appelle radical du 3ᵉ degré, prévient que tout nombre qui en est affecté, est supposé réduit à sa racine cubique.

94. On extrait la racine cubique des nombres tels que 1000, 1000000, 1000000000, etc., en réduisant au tiers le nombre des zéros; mais si les nombres sont tels que 125000; 1728000000, etc., il faut

préalablement prendre les racines cubiques de 125, 1728, etc.

On aura donc $\sqrt[3]{1000} = 10$; $\sqrt[3]{1000000} = 100$; $\sqrt[3]{1000000000} = 1000$; etc.; $\sqrt[3]{125000} = 50$; $\sqrt[3]{1728000000} = 1200$, etc.

95. Puisque l'on a : $\sqrt[3]{1} = 1$; $\sqrt[3]{1000} = 10$; $\sqrt[3]{1000000} = 100$; $\sqrt[3]{1000000000} = 1000$, etc., il s'ensuit que la racine cubique d'un nombre a un chiffre, deux chiffres, trois chiffres, etc., selon que ce nombre en a lui-même un, deux ou trois; quatre, cinq ou six; sept, huit ou neuf; etc. Par conséquent :

Lorsqu'on coupe un nombre en tranches de trois chiffres, en partant de la droite, le nombre des tranches est aussi celui des chiffres de sa racine cubique.

96. L'extraction de la racine cubique d'un nombre entier consiste à trouver un autre nombre entier lui-même et dont le cube soit égal au nombre donné, ou à ce même nombre diminué d'une quantité moindre que le triple quarré de la racine, plus trois fois cette racine plus 1.

97. 1er Cas. Le nombre donné n'a pas plus de trois chiffres, par conséquent sa racine cubique n'en a qu'un.

Soit proposé d'extraire la racine cubique de 75.

L'opération pour ce cas se réduit à consulter la table ci-jointe, dont la 1re colonne contient la suite des nombres d'un seul chiffre et la 2e leurs cubes respectifs.

1	1
2	8
3	27
4	64
5	125
6	216
7	343
8	512
9	729

A cet effet je cherche le nombre 75 dans la colonne des cubes et à son défaut je m'arrête au nombre 64 qui en approche le plus sans le surpasser; le chiffre 4 qui lui correspond dans la colonne des racines, est à moins d'une unité la racine cubique de 75, Car l'excès de 75 sur le cube de 4 ou 64 est moindre que le triple quarré de 4 plus trois fois 4 plus 1.

98. 2e CAS. Le nombre donné a plus de trois chiffres et n'en a pas plus de six.

Soit proposé d'extraire la racine cubique de 76852.

RÈGLE. Coupez le nombre en tranches de trois chiffres en partant de la droite; prenez la racine 4 du plus grand cube contenu dans la 1re tranche à gauche 76, vous aurez le premier chiffre de la racine demandée. A côté de l'excès 12 de 76 sur 64 abaissez la tranche suivante 852. Du nombre 12852 ainsi formé détachez deux chiffres à droite; divisez la partie à gauche 128 par 48, triple quarré du chiffre déjà obtenu, le quotient 2 sera l'autre chiffre de la racine demandée. Si vous pouvez du nombre donné 76852, soustraire le cube de 42, ou bien de 12852, soustraire le triple produit du quarré des 4 dizaines par les 2 unités, plus le triple produit des 4 dizaines par le quarré des 2 unités, plus le cube de ces unités. Dans le cas contraire, vous diminuerez le chiffre 2 de manière à rendre possible l'une ou l'autre de ces soustractions.

En effet le nombre donné 76852 se coupant en deux tranches, sa racine cubique a deux chiffres et se compose par conséquent de dizaines et d'unités, il s'ensuit que le nombre donné est égal à la somme des quatre parties du cube de sa racine, ou bien à cette même somme augmentée d'une quantité moindre que le triple quarré de cette racine, plus trois fois cette racine plus 1.

Or le cube des dizaines de la racine cherchée, parce qu'il exprime des mille, se renferme dans les 76 mille du nombre donné. D'ailleurs 76 est compris entre les cubes successifs 64 et 125, dont les racines sont 4 et 5. Il s'ensuit que 76852 est lui-même compris entre les cubes 64000 et 125000 dont les racines sont 40 et 50; par conséquent celle de 76852, en ce qu'elle est comprise entre 40 et 50, se compose de 4 dizaines auxquelles peuvent se joindre des unités.

Pour en déterminer le nombre, je soustrais de 76852, le cube 64000 des 4 dizaines. Le reste 12852 est égal à la somme des trois autres parties du cube de la racine, ou bien à cette même somme augmentée d'une quantité moindre que le triple quarré de cette racine, plus trois fois cette racine plus 1. Or le triple produit du quarré des dizaines par les unités, parce qu'il exprime des centaines, se renferme dans les 128 centaines du reste 12852, dont je détache pour cette raison les deux derniers chiffres à droite. C'est donc bien en divisant la partie à gauche 128 par 48 triple quarré des 4 dizaines, que j'obtiendrai les unités de la racine demandée.

Il peut arriver néanmoins que le chiffre qu'on trouve ainsi soit trop fort; car indépendamment du triple produit du quarré des dizaines par les unités, la partie à gauche du reste peut contenir un nombre de dizaines égal au triple quarré de celles de la racine et même plus grand; soit qu'il provienne du produit des dizaines par le quarré des unités et du cube des unités, ou bien de l'excès du nombre donné sur le cube de la racine cherchée; soit enfin qu'il provienne des deux circonstances réunies. Delà cette nécessité de le vérifier comme le prescrit la règle qu'on achève ainsi d'établir.

99. 3ᵉ Cas. Le nombre dont on demande la racine cubique a plus de quatre chiffres,

Soit proposé d'extraire la racine cubique de 76852143.

RÈGLE. Coupez le nombre donné en tranches de trois chiffres en partant de la droite;

$$
\begin{array}{r|l}
76'8\,52'143 & 425 \\
12\,8'52 & \overline{} \\
2\,7\,65\,143 & 4^2 \times 3 = 48 \\
86\,518 & 42^2 \times 3 = 5292 \\
\end{array}
$$

prenez la racine 42 du plus grand cube contenu dans

le nombre 76852 formé des deux 1res tranches à gauche, vous aurez les deux premiers chiffres de la racine demandée. A côté du reste 2765 abaissez la
tranche suivante 143 ; détachez les deux derniers
chiffres à droite du nombre 2765143 ainsi formé ;
divisez la partie à gauche 27651 par 5292 triple quarré
de 42 ; le chiffre 3 ainsi obtenu sera le troisième chiffre
de la racine demandée, à moins qu'il ne soit trop fort,
ce dont on s'assure comme dans le cas antérieur.

Si 42 est à moins d'une unité la racine cubique
de 76852, je dis que 425 sera celle de 76852143 ; car
425 étant égal à 420 + 5, il s'ensuit que 425^3 est égal à
$(420+5)^3$ c'est-à-dire à $420^3 + 3(420^2 \times 5) + 3(420 \times 5^2) + 5^3$. Or 42^3 est contenu dans 76852 qui le surpasse
de 2765 ; par conséquent 420^3 sera contenu dans
76852000 qui le surpasse de 2765000, et à plus forte
raison dans 76852143 qui le surpassera de 2765143.
Si on suppose actuellement que cet excès contienne
$3(420^2 \times 5) + 3(420 \times 5^2) + 5^3$, la partie à gauche
27651 qui est à moins d'une unité le $\frac{1}{100}$ de 2765143,
contiendra à plus forte raison 5 fois $42^2 \times 3$ qui n'atteint pas le $\frac{1}{100}$ de $3(420^2 \times 5) + 3(420 \times 5^2 + 55^3$. Le
quotient 5 de la division de 27651 par 5292 triple quarré
de 42, exprimera les unités de la racine cherchée,
s'il n'est pas trop fort pour que 2765143 contienne
$3(420^2 \times 5) + 3(420 \times 5^2) + 5^3$; car alors le nombre
proposé 76852143 contiendra $420^3 + 3(420^2 \times 5) +$

$3(420 \times 5^2) + 5^3$, c'est-à-dire le cube de 425. Il est donc vrai, dans cette hypothèse, qu'en ajoutant à 420, ou ce qui revient au même, qu'en écrivant à droite de 42 le quotient 5 de la division de 27651 par $(42^2 \times 3)$, la somme 425 sera la racine demandée ; et ainsi de suite si le nombre 76852143 était suivi d'une nouvelle tranche de trois chiffres.

100. Si le nombre dont on demande la racine cubique, se termine par un nombre de zéros multiple de 3, et que la racine cubique de la partie significative de ce nombre s'obtienne sans reste, il suffit, pour avoir la racine demandée, d'écrire à droite de celle obtenue, le tiers du nombre des zéros.

Soit proposé d'extraire la racine cubique de 12162000.

Dès la seconde opération partielle le reste est nul et la racine correspondante est 23, je dis que la racine demandée sera 230. Car de ce que l'on a $12162 = 23 \times 23 \times 23 = 23^3$, on aura en multipliant par 1000 de part et d'autre $12152000 = 230 \times 230 \times 230 = 230^3$.

Puissances et racines d'un degré quelconque.

101. *Notions succinctes.* On appelle en général *puissances*, les produits de plusieurs facteurs égaux. Le degré d'une puissance, qu'on indique toujours par un exposant, est toujours égal au nombre des facteurs.

Ainsi sans parler de la 2e et de la 3e puissance actuellement connues sous les noms de quarré et de cube, on a $5^4 = 5 \times 5 \times 5 \times 5 = 625$; $3^5 = 3 \times 3 \times 3 \times 3 \times 3 = 243$.

102. On élève des nombres tels que 10, 100, etc., à la 4° ou à la 5° puissance, en quadruplant ou en quintuplant le nombre des zéros. Mais si les nombres sont tel que 50, 300, etc., il faut préalablement élever 5 ou 3 etc. à la 4° ou à la 5° puissance.

Ainsi on aura $10^4 = 10000$; $100^5 = 10000000000$, etc. $50^4 = 6250000$; $300^5 = 2430000000000$, etc.

Lorsqu'un nombre n'a pas plus d'un chiffre, sa 4° ou sa 5° puissance n'en a pas plus de quatre ou cinq.

103. La 4° ou la 5° puissance d'une somme composée de deux parties, se compose de la 4° puissance de la première partie, du quadruple produit de la 3° puissance de la première partie par la seconde, du, etc.; ou bien de la 5° puissance de la première partie, du quintuple produit de la 4° puissance de la première partie par la seconde, du etc.

104. La 4° ou la 5° puissance d'un nombre composé de dizaines et d'unités se compose de la 4° puissance des dizaines qui exprime des dizaines de mille, du quadruple produit de la 3° puissance des dizaines par les unités qui exprime des mille du, etc.; ou bien de la 5° puissance des dizaines qui exprime des centaines de mille, du quintuple produit de la 4° puissance des dizaines par les unités qui exprime des dizaines de mille, du, etc.

105. La différence entre la 4° ou la 5° puissance de

deux nombres entiers successifs est égale à la quadruple 3ᵉ puissance du plus petit, plus le sextuple de sa 2ᵉ puissance par, etc. ; ou bien égale à la quintuple 4ᵉ puissance du plus petit, plus le décuple de sa 3ᵉ puissance par, etc.

Les puissances 4ᵉ ou 5ᵉ, etc., des nombres entiers de la suite naturelle, se nomment aussi puissances parfaites de ces mêmes degrés, comme on appelle aussi puissances imparfaites de ces mêmes degrés les autres nombres entiers.

106. On appelle en général *racines* tous les nombres qui pris plusieurs fois comme facteurs reproduisent des nombres donnés. Le degré d'une racine qu'on écrit toujours entre les deux branches du radical, est égal au nombre de fois qu'il faut prendre cette racine comme facteur.

Ainsi sans parler de la racine 2ᵉ et 3ᵉ actuellement connues sous les noms de racine quarrée et de racine cubique on a $\sqrt[4]{625} = 5$ et $\sqrt[5]{243} = 3$, etc.

107. On extrait les racines 4ᵉ ou 5ᵉ, etc., des nombres tels que 10000 ; 10000000000, etc., en réduisant au quart ou au cinquième, etc., le nombre des zéros. Mais si les nombres sont tels que 6250000 ; 24300000000, etc., il faut préalablement prendre les racines 4ᵉ ou 5ᵉ, etc., de 625 ou de 243.

On a ainsi $\sqrt[4]{10000} = 10$; $\sqrt[5]{10000000000} = 100$, etc., ou $\sqrt[4]{6250000} = 50$; $\sqrt[5]{24300000000} = 300$.

108. Lorsqu'on coupe un nombre en tranches de quatre ou de cinq chiffres en partant de la droite, le nombre des tranches est aussi celui des chiffres de la racine 4e ou 5e, etc.

109. L'extraction de la racine 4e ou 5e pour le cas où elle n'a qu'un chiffre, se réduit à consulter une table formée de trois colonnes dont la première contient les nombres d'un seul chiffre, la seconde leur 4e et la troisième leur 5e puissance.

110. *Cas où la racine 4e a plus d'un chiffre et soit proposé d'extraire celle du nombre 1684578.*

Règle. Coupez le nombre donné en tranches de quatre chiffres en partant

$$\begin{array}{l|l} 168'4578 & 36 \\ 87\,4578 & \overline{3^3 \times 4 = 108} \\ 5962 & \end{array}$$

de la droite; prenez la racine de la plus grande 4e puissance contenue dans la 1re tranche à gauche 168, vous aurez 3 pour le 1er chiffre de la racine cherchée; soustrayez de 168 la 4e puissance 81 du chiffre 3; à côté du reste abaissez la 2e tranche 4578; du nombre 874578 ainsi formé détachez les trois derniers chiffres à droite; divisez la partie à gauche 874 par 108 quadruple 3e puissance du chiffre 3 précédemment obtenu, le quotient réduit à 6, sera le 2e chiffre de la racine cherchée, puisqu'alors seulement vous pouvez soustraire du nombre donné la 4e puissance du nombre 36 ainsi trouvé.

111. *Cas où la racine 5e a plus d'un chiffre et soit proposé d'extraire celle du nombre 5126845.*

RÈGLE. Coupez le nombre donné en tranches de cinq chiffres en partant de la

$$\begin{array}{l|l} 51'2\,6845 & 21 \\ 19\,2'6845 & \overline{2^4 \times 5 = 80} \\ 3\,2746 & \end{array}$$

droite ; prenez la racine de la plus grande 5ᵉ puissance contenue dans la 1ʳᵉ tranche à gauche 51, vous aurez 2 pour le 1ᵉʳ chiffre de la racine cherchée ; soustrayez de 51, la 5ᵉ puissance 32 du chiffre 2 ; à côté du reste 19, abaissez la 2ᵉ tranche 26845 ; du nombre 1926845 ainsi formé détachez les quatre derniers chiffres à droite ; divisez la partie à gauche 192 par 80 quintuple 4ᵉ puissance du chiffre 2 précédemment obtenu, le quotient réduit à 1 sera le 2ᵉ chiffre de la racine cherchée, puisqu'alors seulement vous pouvez soustraire du nombre donné la 5ᵉ puissance du nombre 21 ainsi trouvé.

On conçoit actuellement que si aux nombres dont on vient d'extraire les racines 4ᵉ et 5ᵉ on ajoute une 3ᵉ tranche de quatre ou de cinq chiffres, on obtiendrait un 3ᵉ chiffre à la racine en procédant comme on l'a fait pour obtenir le 2ᵉ et ainsi de suite si on ajoutait une 4ᵉ tranche, etc.

112. Ce qu'on vient d'exposer touchant la 4ᵉ et la 5ᵉ puissance, ainsi que touchant les racines des mêmes degrés, suffit évidemment pour qu'on puisse étendre de semblables notions aux puissances comme aux racines des degrés supérieurs.

Du reste ces développements n'ont guère d'autre utilité que de montrer la filiation des idées, et de faire concevoir comment l'analogie peut conduire, de l'extraction de la racine quarrée et de la racine cubique, à l'extraction de la racine d'un degré quelconque.

CHAPITRE IV.

NOMBRES DÉCIMAUX OU FRACTIONS DÉCIMALES. — ADDITION DES
FRACTIONS DÉCIMALES. — SOUSTRACTION DES FRACTIONS DÉ-
CIMALES. — MULTIPLICATION DES FRACTIONS DÉCIMALES. —
DIVISION DES FRACTIONS DÉCIMALES. — QUARRÉS ET RACINES
QUARRÉES DES FRACTIONS DÉCIMALES. — CUBES ET RACINES
CUBIQUES DES FRACTIONS DÉCIMALES.

Nombres décimaux ou fractions décimales.

113. Pour exprimer à moins d'0,1, d'0,01, d'0,001,
etc., d'unité, le rapport d'une quantité quelconque à
son unité, celui d'une droite, par exemple, à l'unité
de longueur, on portera cette unité sur la droite autant de fois que possible, afin de savoir combien
cette droite contient d'unités entières. S'il y a un
reste, comme on le suppose ici, on le portera lui-
même sur l'unité préalablement divisée en 10 parties
égales, afin de savoir combien ce reste contient de
dixièmes d'unité. S'il y a un nouveau reste, on le

portera à son tour sur le dixième de l'unité divisé lui-même en 10 parties égales, afin de savoir combien ce nouveau reste contient de dixièmes de dixième ou combien il contient de centièmes d'unité, et ainsi de suite.

Les nombres au moyen desquels on arrive ainsi à exprimer exactement ou par approximation les rapports de telle ou telle quantité à telle ou telle unité de même espèce, sont des nombres *décimaux* ou des fractions *décimales*.

114. On ne change pas la valeur d'un nombre décimal ou d'une fraction décimale en écrivant ou en supprimant un zéro, deux zéros, trois zéros, etc., sur la droite. Car si l'on rend ainsi les parties décimales 10 fois, 100 fois, 1000 fois, etc., plus ou moins nombreuses, on les rend en même temps 10 fois, 100 fois, 1000 fois, etc., plus petites ou plus grandes.

Ainsi on a : $4,7 = 4,70 = 4,700 = 4,7000$, et réciproquement $4,7000 = 4,700 = 4,70 = 4,7.$

115. On multiplie ou on divise un nombre décimal par 10, 100, 1000, etc., en portant la virgule d'un rang, deux rangs, trois rangs, etc., vers la droite ou vers la gauche. Car cela revient à faire avancer chaque chiffre d'un rang, deux rangs, trois rangs, etc., vers la gauche ou vers la droite, et l'on sait que ce déplacement lui fait prendre une valeur de 10 en 10 fois plus grande ou plus petite.

Ainsi les nombres décimaux $7,4268$; $74,268$;

742,68 ; 7426,8, sont de 10 en 10 fois plus grands, et les nombres 7426,8 ; 742,68 ; 74,268 ; 7,4268, sont de 10 en 10 fois plus petits.

Si les chiffres sont en nombre insuffisant pour autoriser ce déplacement de la virgule, on y supplée par des zéros, qu'on écrit toujours du côté où il faut porter cette virgule.

Ainsi pour multiplier ou diviser par 1000 un nombre tel que 53,4, on écrira 53400 ou 0,0534.

S'il arrive enfin que le nombre à diviser par 10, 100, 1000, etc., soit un nombre entier, on obtient les quotients en détachant sur la droite par une virgule, un chiffre, deux chiffres, trois chiffres, etc.

Ainsi pour avoir les quotients de la division par 10, 100, 1000, etc., du nombre 54, je suppose, on écrira successivement : 5, 4 ; 0, 54 ; 0, 054, etc.

Addition des fractions décimales.

116. *Soit proposé d'additionner les nombres décimaux* 724,6 ; 2,358 ; 37,28.

RÈGLE. Superposez les nombres donnés de manière que les unités de chaque ordre occupent la même colonne et soulignez le tout ; faites ensuite l'addition comme d'habitude et sans vous préoccuper des virgules ; détachez sur la droite du résultat 764238, autant de figures décimales qu'en a celui des nombres donnés qui en a

$$
\begin{array}{r}
724,6.. \\
2,358 \\
37,28. \\
\hline
764,238
\end{array}
$$

le plus; vous aurez alors 764,238 pour la somme demandée.

Car 10 millièmes valant 1 centième, comme 10 centièmes valent 1 dixième, comme 10 dixièmes valent 1 unité ; ou en général : 10 unités d'un ordre quelconque, décimal ou non, valant toujours 1 unité de l'ordre précédent, il est clair que cette addition, effectuée comme celle des nombres entiers, exprimera la somme des nombres décimaux donnés, pourvu qu'on ait la précaution d'écrire la virgule du résultat dans la même colonne que les autres,

Soustraction des fractions décimales.

117. *Soit proposé de soustraire du nombre décimal* 863,2 *le nombre décimal* 78,672.

RÈGLE. Superposez les nombres donnés, de manière que les unités de chaque ordre occupent la même colonne et soulignez le tout ; faites ensuite la soustraction comme d'habitude

$$\begin{array}{r} 863,2\ . . \\ 78,672 \\ \hline 784,528 \end{array}$$

et sans vous préoccuper des virgules ; détachez sur la droite du résultat ainsi obtenu 784528, autant de figures décimales qu'en a celui des nombres donnés qui en a le plus ; vous aurez alors 784,528 pour la différence demandée.

Car 10 millièmes valant un centième, comme 10 centièmes valent 1 dixième, comme 10 dixièmes valent 1 unité ; ou en général : 10 unités d'un ordre quelconque, décimal ou non, valant toujours 1 unité de l'ordre précédent, il est clair que cette soustraction, effectuée comme celle des nombres entiers, exprimera la différence des deux nombres décimaux donnés, pourvu qu'on ait la précaution d'écrire la virgule du résultat dans la même colonne que les autres.

<h3 style="text-align:center">Multiplication des fractions décimales.</h3>

118. 1er CAS. Le multiplicande étant un nombre décimal, le multiplicateur est un nombre entier.

Soit proposé de multiplier le nombre décimal 5,687 par le nombre entier 432.

RÈGLE. Écrivez le multiplicateur sous le multiplicande et soulignez le tout; faites ensuite la multiplication comme d'habitude, et sans vous préoccuper de la virgule; détachez sur la droite du résultat ainsi obtenu 2456784, autant de

$$\begin{array}{r} 5,687 \\ 432 \\ \hline 11374 \\ 17061 \\ 2274 \\ \hline 2456,784 \end{array}$$

figures décimales qu'en a le multiplicande, vous aurez alors 2456,784 pour le produit demandé.

Car multiplier 5,687 par 432, c'est calculer un produit qui contienne 432 fois 5,687. On l'obtiendrait donc en calculant la somme de 432 nombres égaux chacun à 5,687. Or, cette somme se terminerait visiblement par trois chiffres décimaux comme le multiplicande. D'ailleurs en y faisant abstraction de la virgule, elle ne serait autre que le produit des deux nombres entiers **568** et **432**; donc il est vrai qu'en effectuant celui-ci on aura le produit demandé, pourvu qu'on ait la précaution de détacher sur la droite autant de figures décimales qu'en a le multiplicande.

119. 2ᵉ Cas. Le multiplicande étant un nombre quelconque, le multiplicateur est un nombre décimal.

Soit proposé de multiplier le nombre 568,7 par le nombre décimal 4,32.

Règle. Écrivez le multiplicateur sous le multiplicande et soulignez le tout; faites ensuite la multiplication comme d'habitude et sans vous préoccuper des virgules; détachez sur la droite du résultat ainsi obtenu 2456784, autant de

$$\begin{array}{r} 568,7 \\ 4,32 \\ \hline 11374 \\ 17061 \\ 22748 \\ \hline 2456,784 \end{array}$$

figures décimales qu'en ont les deux facteurs, vous aurez alors 2456,784 pour le produit demandé.

Car multiplier 568,7 par 4,32 c'est calculer un produit qui contienne 432 fois 0,01 de 568,7, c'est-à-dire 432 fois 5,687. Or le multiplicande ainsi divisé par 100, renferme, de plus qu'il n'avait, les deux décimales du multiplicateur qui, étant devenu un nombre entier, fait rentrer ce cas de la multiplication dans le précédent. Il est donc vrai qu'en multipliant l'un par l'autre les deux nombres donnés, et abstraction faite des virgules, on aura le produit demandé, pourvu qu'on ait la précaution de détacher sur la droite du résultat autant de figures décimales qu'en ont les deux facteurs.

Division des nombres décimaux.

120. 1ᵉʳ Cas. Le dividende et le diviseur ont le même nombre de figures décimales.

Soit proposé de diviser l'un par l'autre les deux nombres décimaux 15,392 et 4,736.

Règle : Divisez l'un par l'autre les deux nombres entiers qui résultent de la suppression de la virgule aux deux nombres donnés, le quotient 3 de cette division exprimera les unités du quotient demandé ; à droite du reste 1184 écrivez un zéro et divisez par le même diviseur le nombre 11840 ainsi formé, le quotient 2 de cette division exprimera les dizaines du quotient demandé ; à droite du reste 2368, écrivez un zéro et divisez par le même diviseur le nombre 23680 ainsi formé, le quotient 5 de cette division exprimera les centièmes du quotient demandé, qui sera par conséquent 3,25.

$$\begin{array}{r|l} 15{,}392 & 4{,}736 \\ 15392 & 4736 \\ 11840 & \overline{3{,}25} \\ 23680 & \end{array}$$

En effet, 15,392 contient 4,736, ou plus visiblement $\frac{15392}{1000}$ contient $\frac{4736}{1000}$ autant de fois que 15392 contient 4736. On peut donc, sans rien changer au quotient, substituer à la division des deux nombres décimaux 15,392 et 4,736, celle des deux nombres entiers 15392 et 4736. Le quotient 3 qu'elle fournit d'abord exprime que le dividende contient au plus

3 fois le diviseur, indépendamment du reste 1184 dont il surpasse ce produit. Or, 1184 ou $\frac{11840}{10}$ contient évidemment le $\frac{1}{10}$ du diviseur, ou $\frac{4736}{10}$ autant de fois que 11840 contient 4736 ; donc le quotient 2 de cette division exprime combien de fois le dividende 15392 contient en outre le $\frac{1}{10}$ du diviseur 4736. En prouvant de même que le quotient 5 de la division du nouveau reste suivi d'un zéro, par le même diviseur, exprime à son tour, combien de fois le dividende 15392 contient de plus, le $\frac{1}{100}$ du diviseur 4736, on est fondé à conclure que 3,25 est non-seulement le quotient de la division effectuée, mais bien aussi le quotient de la division proposée. Car en exprimant que 15392 contient 325 fois le $\frac{1}{100}$ de 4736, il exprime en même temps que 15,392 contient aussi 325 fois le $\frac{1}{100}$ de 4,736.

La règle posée ci-dessus et le raisonnement qui en établit la légitimité, font voir que la division l'un par l'autre de deux nombres entiers, dont on veut déterminer le quotient à moins d'$\frac{1}{10}$, d'$\frac{1}{100}$, d'$\frac{1}{1000}$, etc. n'est qu'un cas particulier de la division l'un par l'autre, de deux nombres décimaux qui comptent le même nombre de figures décimales. L'opération précédente où l'on peut supposer qu'on a eu pour but d'obtenir à moins d'$\frac{1}{100}$ le quotient des deux nombres entiers 15392 et 4736, dispense de rentrer dans le détail des calculs sur un nouvel exemple.

121. 2° Cas. Le dividende et le diviseur n'ont pas le même nombre de figures décimales.

Soit proposé de diviser l'un par l'autre les deux nombres décimaux 762,84 et 32,6.

Règle. Pour faire rentrer ce cas dans le précédent écrivez un zéro à droite du diviseur parce qu'il a une figure décimale de moins que le dividende ; divisez ensuite l'un par l'autre les deux nombres entiers 76284 et 3260. Vous obtiendrez d'abord 23 pour quotient et pour reste 1304. Mais au lieu de faire suivre ce nombre d'un zéro comme le prescrit la règle, il revient au même d'en supprimer un à droite du diviseur 3260, et de diviser tel qu'il est le reste 1304 par 326 ; le chiffre 4 que vous obtiendrez ainsi, n'en exprimera pas moins les dixièmes du quotient demandé, qui sera par conséquent 23,4.

$$\begin{array}{r|l} 762,84 & 32,6 \\ 76284 & 3260 \\ 11084 & \overline{\;\,23,4} \\ 1304 & \end{array}$$

Cette manière de procéder se réduit évidemment à diviser l'un par l'autre les deux nombres tels qu'on les a donnés, et sans se préoccuper des virgules ; sauf à détacher à droite

$$\begin{array}{r|l} 762,84 & 32,6 \\ 76284 & 326 \\ 1108 & \overline{\;\,23,4} \\ 1304 & \\ 000 & \end{array}$$

du quotient 234, qui ne diffère pas du précédent, autant de figures décimales que le dividende en a de plus que le diviseur, et l'on a de même 23,4 pour le quotient demandé.

On peut encore faire du diviseur un nombre entier, en y supprimant la virgule, sous la condition de porter celle du dividende d'un rang vers la droite. Car si la première modifica-

$$\begin{array}{r|l} 762,84 & 32,6 \\ 7628,4 & 326 \\ \cline{2-2} 1108 & 23,4 \\ 1304 & \\ 000 & \end{array}$$

tion a pour effet de rendre le quotient 10 fois plus petit, la seconde aura pour effet de lui restituer sa valeur en le rendant 10 fois plus grand. Cette préparation faite, on effectue la division sans se préoccuper de la virgule qui subsiste encore, et l'on n'a plus qu'à détacher à droite du quotient 234, autant de figures décimales qu'en a conservé le dividende; ce qui donne toujours 23,4 pour le quotient demandé.

S'il arrive que le diviseur étant un nombre entier, le dividende n'est qu'une valeur approchée à moins d'une unité décimale d'un ordre donné, on ne peut d'après ce qui précède compter sur une plus grande approximation du quotient. Il y a lieu néanmoins d'en approcher davantage, en écrivant à droite du dividende autant de zéros moins un que le diviseur a de chiffres. Car en supposant que 764,5 par exemple, soit à moins d'0,1 une valeur approchée de 764,581, je dis que le quotient de 764,5 par 326, peut être calculé avec le même nombre de décimales que celui de 764,581 par le même diviseur.

Comme le quotient de 764,581 par 326, ne diffère que par une virgule de celui du nombre entier 764581 par le même diviseur, il suffit de prouver qu'à la division de 764581 par 326 on peut substituer celle de 764500 par le même diviseur, à la condition seulement de prendre le quotient tel qu'on le trouvera, ou de l'augmenter de 1, selon que le reste augmenté de 100 demeure plus petit ou devient plus grand que le diviseur.

En effet la division de 764500 par 326 donne 2345 pour quotient et 51 pour reste, donc $764500 = 326 \times 2345 + 51$; il s'ensuit que l'on a $764581 > 326 \times 2345 + 51$. D'ailleurs on a visiblement $764581 < 326 \times 2345 + 51 + 100$. Or la somme $51 + 100$ dont les deux parties sont séparément plus petites que le diviseur, peut elle-même être plus petite ou plus grande que ce diviseur sans pouvoir en atteindre le double. Comme dans cet exemple on a $51 + 100 < 326$, le quotient 2345 est, à moins d'une unité, le quotient cherché. Si on avait $51 + 100 > 326$, le même quotient 2345 augmenté de 1, serait encore, à moins d'une unité, par défaut ou par excès, le quotient de 764581 par 326. Il est donc vrai que 2,345 est à moins d'0,001 celui de 764,5 par le même diviseur.

Quarrés et racines quarrées des fractions décimales.

122. Pour élever un nombre décimal au quarré, on élève au quarré le nombre entier qui résulte de la suppression de la virgule, et on détache à droite du résultat deux fois autant de chiffres décimaux qu'en a le nombre donné.

Ainsi, parce que l'on a $234^2 = 54756$, on aura :

$23,4^2 = 547,56$; $2,34^2 = 5,4756$; $0,234^2 = 0,054756$

Cela résulte évidemment de la définition du quarré d'un nombre et de la règle établie pour la multiplication des nombres décimaux.

123. Comme on peut toujours faire en sorte qu'un nombre décimal se termine par un chiffre significatif, il s'ensuit que le quarré d'un tel nombre est nécessairement un nombre décimal, car il se termine toujours comme le quarré du dernier chiffre. La partie fractionnaire d'un semblable quarré ne saurait par conséquent se réduire à zéro. Elle a donc toujours un nombre pair de chiffres décimaux. On peut en conclure qu'un nombre décimal dont les chiffres décimaux sont en nombre impair n'est jamais le quarré d'un nombre décimal.

124. Lorsque la racine quarrée d'un nombre entier n'est pas elle-même un nombre entier, ce n'est pas non plus un nombre décimal, car on vient de voir que le quarré d'un tel nombre est toujours un nombre décimal.

La racine quarrée d'un nombre décimal n'est jamais un nombre entier, car il est évident que le quarré d'un tel nombre est toujours un nombre entier.

125. La racine quarrée d'un nombre décimal qui a un nombre pair de chiffres décimaux, n'est un nombre décimal, qu'autant que le nombre entier qui résulte

de la suppression de la virgule, a pour racine exacte un nombre entier.

Dans tout autre cas la racine quarrée d'un nombre décimal, comme la racine quarrée d'un nombre entier qui n'est pas un quarré parfait, ne peut être obtenue que par approximation, mais elle peut l'être à moins d'une unité décimale de tel ordre que l'on voudra.

126. Pour extraire la racine quarrée d'un nombre décimal qui a un nombre pair de chiffres décimaux, on extrait la racine quarrée du nombre entier qui résulte de la suppression de la virgule, et on détache au résultat deux fois moins de chiffres décimaux qu'en a le nombre donné.

Ainsi parce que l'on a $\sqrt{54756} = 234$, on aura :
$\sqrt{547,56} = 23,4$; $\sqrt{5,4756} = 2,34$; $\sqrt{0,054756} = 0,234$.

127. Pour extraire à moins d'une unité décimale d'un ordre donné, la racine quarrée d'un nombre décimal, on commence par le préparer, s'il n'est tout préparé, de manière qu'il ait deux fois autant de chiffres décimaux qu'en exige l'approximation voulue; soit en écrivant des zéros à droite, s'il n'a pas assez de décimales, soit en y supprimant des chiffres s'il en a trop. On extrait ensuite à moins d'une unité la racine quarrée du nombre ainsi formé et abstraction faite de la virgule; après quoi on détache au résultat le nombre de chiffres décimaux demandé.

Soit proposé d'extraire à moins d'0,001 d'unité la racine quarrée de la fraction décimale 0,537.

On commence par écrire trois zéros à la suite de la fraction donnée, puisqu'il faut qu'elle ait six décimales pour que la racine

$$\begin{array}{l|l} 5370'00 & 732 \\ 470 & \overline{143\times 3} \\ 41\,00 & 1462\times 2 \\ 41\,76 & \end{array}$$

demandée en ait trois. On procède ensuite comme d'habitude à l'extraction de la racine quarrée du nombre entier 537000. L'opération terminée, on détache trois décimales au résultat et l'on a 0, 732 pour la racine demandée. Car 537000 étant compris entre 732^2 et 733^2, la fraction donnée 0,537 est comprise entre $0,732^2$ et $0,733^2$. Donc, etc.

Soit proposé d'extraire à moins d'0,001 d'unité la racine quarrée de la fraction décimale 0,173205086.

On commence par supprimer trois chiffres à droite de la fraction donnée, puisqu'il suffit qu'elle ait six décimales pour

$$\begin{array}{l|l} 173205086 & 416 \\ 132 & \overline{81\times 1} \\ 5105 & 826\times 6 \\ 149 & \end{array}$$

que la racine demandée en ait trois. On procède ensuite comme d'habitude, à l'extraction de la racine quarrée du nombre entier 173205. L'opération terminée, on détache trois décimales au résultat et l'on a 0,416 pour la racine demandée. Car 173205 étant compris entre 416^2 et 417^2, la fraction donnée sera comprise entre $0,416^2$ et $0,417^2$. Donc, etc.

128. Pour extraire à moins d'une unité décimale d'un ordre donné la racine quarrée d'un nombre

entier, on commence par écrire à la suite de ce nombre deux fois autant de zéros qu'on veut avoir de décimales à la racine. On extrait ensuite à moins d'une unité la racine quarrée du nombre entier ainsi formé, et l'on détache à droite du résultat le nombre voulu de figures décimales.

Soit proposé d'extraire à moins d'0,01 d'unité la racine quarrée du nombre entier 68.

On commence par écrire quatre zéros à la suite du nombre donné, parce qu'il n'a pas de décimales et qu'on veut en avoir deux à la

$$\begin{array}{l|l} 680000 & 824 \\ 400 & \overline{162\times2} \\ 7600 & 1644\times4 \\ 1024 & \end{array}$$

racine. On procède ensuite comme d'habitude, à l'extraction de la racine quarrée du nombre entier 680000. L'opération terminée on détache deux décimales au résultat, et l'on a 8,24 pour la racine demandée. Car 680000 étant compris entre 824^2 et 825^2, le nombre donné 68 sera compris entre $8,24^2$ et $8,25^2$. Donc, etc.

Au lieu d'écrire un nombre pair de zéros à la suite du nombre entier donné, on se borne dans la pratique à les écrire deux par deux à la suite des

$$\begin{array}{l|l} 3 & 1732 \\ 200 & \overline{27\times7} \\ 1100 & 343\times3 \\ 7100 & 3462\times2 \\ 176 & \end{array}$$

restes successivement obtenus, comme on le voit dans cet exemple, où l'on s'est proposé d'extraire à moins d'0,001 la racine quarrée de 3.

Cubes et racines cubiques des fractions décimales.

129. Pour élever un nombre décimal au cube, on élève au cube le nombre entier qui résulte de la suppression de la virgule, et on détache à droite du résultat trois fois autant de chiffres décimaux qu'en a le nombre donné.

Ainsi, parce que l'on a $127^3 = 2048383$, on aura : $12,7^3 = 2048,383$; $1,27^3 = 2,048383$; $0,127^3 = 0,002048383$.

Cela résulte évidemment de la définition du cube d'un nombre et de la règle établie pour la multiplication des nombres décimaux.

130. Comme on peut toujours faire en sorte qu'un nombre décimal se termine par un chiffre significatif, il s'ensuit que le cube d'un tel nombre est nécessairement un nombre décimal, car il se termine toujours comme le cube du dernier chiffre. La partie fractionnaire d'un semblable cube ne saurait par conséquent se réduire à zéro. Elle a donc toujours un nombre de chiffres décimaux multiples de 3. On peut donc en conclure qu'un nombre décimal dont les chiffres décimaux ne sont pas en nombre multiple de 3 n'est jamais le cube d'un nombre décimal.

131. Lorsque la racine cubique d'un nombre entier n'est pas elle-même un nombre entier, ce n'est pas non plus un nombre décimal, car on vient de voir

que le cube d'un tel nombre est toujours un nombre décimal.

La racine cubique d'un nombre décimal n'est jamais un nombre entier, car il est évident que le cube d'un tel nombre est toujours un nombre entier.

132. La racine cubique d'un nombre décimal dont les chiffres décimaux sont en nombre multiple de 3, n'est un nombre décimal qu'autant que le nombre entier qui résulte de la suppression de la virgule a pour racine exacte un nombre entier.

Dans tout autre cas la racine cubique d'un nombre décimal, comme la racine cubique d'un nombre entier qui n'est pas un cube parfait, ne peut être obtenue que par approximation; mais elle peut l'être à moins d'une unité décimale de tel ordre que l'on voudra.

133. Pour extraire la racine cubique d'un nombre décimal dont les chiffres décimaux sont en nombre multiple de 3, on extrait la racine cubique du nombre entier qui résulte de la suppression de la virgule, et on détache au résultat trois fois moins de chiffres décimaux que n'en a le nombre donné.

Ainsi parce que l'on a : $\sqrt[3]{2048383} = 127$, on aura : $\sqrt[3]{2048,383} = 12,7$; $\sqrt[3]{2,048383} = 1,27$; $\sqrt[3]{0,002048383} = 0,127$.

134. Pour extraire à moins d'une unité décimale d'un ordre donné la racine cubique d'un nombre décimal, on commence par le préparer, s'il n'est tout

préparé, de manière qu'il ait trois fois autant de chiffres décimaux qu'en exige l'approximation voulue, soit en écrivant des zéros à droite, s'il n'a pas assez de décimales, soit en y supprimant des chiffres s'il en a trop; on extrait ensuite à moins d'une unité la racine cubique du nombre ainsi préparé et abstraction faite de la virgule, après quoi on détache au résultat le nombre de chiffres décimaux demandé.

Soit proposé d'extraire à moins d'0,001 d'unité la racine cubique de la fraction décimale 0,0018569.

On commence par écrire deux zéros à la suite de la fraction donnée, puisqu'il faut qu'elle ait neuf déci-

$$\begin{array}{l|l} 1856900 & 123 \\ 856 & \overline{1^2\times3=3} \\ 128700 & 12^2\times3=432 \\ 6135 & \end{array}$$

males pour que la racine demandée en ait trois. On procède ensuite comme d'habitude à l'extraction de la racine cubique du nombre entier 1856900. L'opération terminée, on détache trois décimales au résultat, et l'on a 0,123 pour la racine demandée. Car 1856900 étant compris entre 123^3 et 124^3, la fraction donnée 0,0018569 sera comprise entre $0,123^3$, $0,124^3$. Donc, etc.

Soit proposé d'extraire à moins d'0,01 d'unité la racine cubique de la fraction 0,01238567.

On commence par supprimer deux chiffres à droite de la fraction donnée, parce qu'il

$$\begin{array}{l|l} 123\,8567 & 23 \\ 43'85 & \overline{2^2\times3=12} \\ 218 & \end{array}$$

suffit qu'elle ait six décimales pour que la racine demandée en ait deux. On procède ensuite comme d'habitude à l'extraction de la racine cubique du nombre entier 12385. L'opération terminée, on détache deux décimales au résultat, et l'on a 0,23 pour la racine demandée. Car 12385 étant compris entre 23^3 et 24^3, la fraction donnée 0,01238 sera comprise entre $0,23^3$ et $0,24^3$. Donc, etc.

135. Pour extraire à moins d'une unité décimale d'un ordre donné la racine cubique d'un nombre entier, on commence par écrire à la suite de ce nombre trois fois autant de zéros qu'on veut avoir de décimales. On extrait ensuite à moins d'une unité la racine cubique du nombre entier ainsi formé, et l'on détache à droite du résultat le nombre voulu de figures décimales.

Soit proposé d'extraire à moins d'0,01 d'unité la racine cubique du nombre entier 17.

On commence par écrire six zéros à la suite du nombre donné, parce qu'il n'a pas de décimales et qu'on veut en avoir deux à la racine. On procède ensuite comme d'habitude à l'extraction de la racine cubique du nombre entier 17000000. L'opération terminée, on détache deux décimales à droite du résultat et l'on a 2,57 pour la racine demandée. Car 17000000 étant compris entre 257^3 et 258^3, le nombre donné 17 est compris entre $2,57^3$ et $2,58^3$. Donc, etc.

$$
\begin{array}{l|l}
170\,00000 & 257 \\ \cline{2-2}
90'00 & 2^2 \times 3 = 12 \\
13\,75000 & 25^2 \times 3 = 1875 \\
25407 &
\end{array}
$$

Au lieu d'écrire à la suite du nombre donné des zéros en nombre multiple de 3, on pourrait, comme dans le cas analogue de la racine quarrée, les écrire trois par trois à la suite des restes successivement obtenus. Or il faudrait pour cela soustraire des différents nombres ainsi formés, le triple produit du quarré de la partie trouvée de la racine par le nouveau chiffre obtenu, plus le triple produit du quarré de ce chiffre par la partie trouvée, plus le cube de ce même chiffre, et comme il est plus expéditif de soustraire de l'ensemble des deux premières tranches, des trois premières tranches, etc., le cube de la partie correspondante de la racine, on s'en tient dans la pratique à l'emploi de ce dernier procédé.

CHAPITRE V.

APPROXIMATIONS. — ERREURS ABSOLUES. — ERREURS RELATIVES. — LIMITES DE L'ERREUR ABSOLUE. — LIMITES DE L'ERREUR RELATIVE. — ADDITION APPROCHÉE, ERREUR ABSOLUE. — ADDITION APPROCHÉE, ERREUR RELATIVE. — SOUSTRACTION APPROCHÉE, ERREUR ABSOLUE. — SOUSTRACTION APPROCHÉE, ERREUR RELATIVE. — MULTIPLICATION APPROCHÉE, ERREUR ABSOLUE. — MULTIPLICATION APPROCHÉE, ERREUR RELATIVE. — DIVISION APPROCHÉE, ERREUR ABSOLUE. — DIVISION APPROCHÉE, ERREUR RELATIVE. — EXTRACTION APPROCHÉE, ERREUR RELATIVE. — SYSTÈME MÉTRIQUE.

Approximations.

136. Dans la pratique on n'obtient jamais avec une exactitude rigoureuse, les expressions numériques des grandeurs que l'on mesure directement. C'est donc le plus souvent sur des valeurs approchées que l'on opère, et les résultats auxquels on parvient alors sont nécessairement entachés d'erreurs. Il en est de même encore lorsque des nombres sont exprimés par de lon-

gues suite de chiffres, on s'en tient néanmoins, pour abréger les calculs, à des valeurs approchées que l'on juge suffisantes.

A cet effet on néglige sur la droite un certain nombre de chiffres qu'on remplace par des zéros, ou qu'on supprime, selon qu'ils appartiennent à la partie entière ou à la partie décimale des nombres donnés. L'approximation qui s'en suit est dite par défaut, toutes les fois qu'on laisse au chiffre du dernier ordre conservé, sa valeur naturelle ; mais elle est dite par excès si l'on augmente ce chiffre d'une unité.

137. L'erreur que l'on commet lorsqu'on remplace un nombre donné par une valeur approchée, s'appelle erreur *absolue* quand on la compare à l'unité principale ; mais elle prend le nom d'erreur *relative* quand on la compare au nombre donné lui-même.

On obtient l'erreur absolue en prenant la différence entre le nombre donné et la valeur approchée qu'on lui substitue. On obtient l'erreur relative en divisant l'erreur absolue par le nombre donné lui-même.

138. Si à un nombre donné, 10 je suppose, on substitue la valeur approchée 9, le nombre donné sera réduit de 10 — 9 ou d'1 unité ; c'est l'erreur absolue. Mais cette unité, si on la suppose répartie sur les 10 unités du nombre donné, chacune de celles-ci sera réduite d'0,1 de sa valeur, et par suite le nombre donné sera réduit d'0,1 de la sienne ; c'est l'erreur relative.

139. Le plus souvent on ne connaît pas la vraie grandeur de l'erreur absolue, et alors on ne connaît pas davantage la vraie grandeur de l'erreur relative. Aussi ne s'attache-t-on qu'à déterminer une limite de chacune d'elles, et cela consiste presque toujours à constater qu'elles n'atteignent pas : l'une 0,1 ; 0,01 ; 0,001, etc. de l'unité, et l'autre 0,1 ; 0,01 ; 0,001, etc., du nombre qui en est affecté.

Limites de l'erreur absolue.

140. 1er ex. Nombre donné 674827 ; valeur approchée par défaut 674000 ; l'erreur absolue est 827 < 1000. Valeur approchée par excès 675000 ; l'erreur absolue est 173 < 1000.

2e Ex. Nombre donné 4,83527 ; valeur approchée par défaut 4,835 ; l'erreur absolue est 0,00027 < 0,001. Valeur approchée par excès 4,836 ; l'erreur absolue est 0,00073 < 0,001.

3e Ex. Nombre donné 0,006475 ; valeur approchée par défaut 0,00647 ; l'erreur absolue est 0,000005 = 0,0000$\frac{1}{2}$. Valeur approchée par excès 0,00648 ; l'erreur absolue est 0,000005 = 0,0000$\frac{1}{2}$.

On voit par le 1er ex. qu'en prenant la valeur approchée par défaut on a l'erreur 827 > 500, c'est-à-dire plus grand qu'une demi-unité du dernier ordre conservé ; tandis qu'en prenant la valeur approchée par

5.*

excès on a l'erreur $173 < 500$, c'est-à-dire plus petite qu'une demi-unité de ce même ordre.

On voit par le 2ᵉ ex. qu'en prenant la valeur approchée par défaut, on a au contraire l'erreur $0,00027 < 0,0005$, c'est-à-dire plus petite qu'une demi-unité du dernier ordre conservé ; tandis qu'en prenant la valeur approchée par excès, on a l'erreur $0,00073 > 0,0005$, c'est-à-dire plus grande qu'une demi-unité de ce même ordre.

On voit par le 3ᵉ ex. que si la partie négligée se forme du seul chiffre 5, l'erreur commise est rigoureusement égale à une demi-unité du dernier ordre conservé, soit qu'on prenne la valeur approchée par défaut ou la valeur approchée par excès.

On conçoit actuellement que pour prendre d'un nombre donné, une valeur approchée à moins d'une demi-unité d'un ordre déterminé, il faut laisser au chiffre du dernier ordre conservé sa valeur naturelle ou l'augmenter d'une unité, selon que le premier chiffre de la partie qu'on néglige est plus petit ou plus grand que 5. Mais si étant 5, il n'est suivi d'aucun chiffre significatif, il est indifférent de prendre la valeur approchée par défaut ou par excès.

Limites de l'erreur relative.

141. 1ᵉʳ Ex. Nombre donné 4286 ; valeur approchée 4200 ou 42 centaines. Or l'erreur absolue 86 est

moindre qu'une centaine ; l'erreur relative est donc moindre qu'$\frac{1}{42}$ de la valeur approchée. A plus forte raison est-elle moindre qu'$\frac{1}{10}$ d'une valeur plus grande. Elle est donc moindre qu'$\frac{1}{10}$ du nombre donné.

2° Ex. Nombre donné 24,57 ; valeur approchée 24,5 ou 245 dixièmes. Or l'erreur absolue 0,07 est moindre qu'1 dixième ; l'erreur relative est donc moindre qu'$\frac{1}{245}$ de la valeur approchée. A plus forte raison est-elle moindre qu'$\frac{1}{100}$ d'une valeur plus grande. Elle est donc moindre qu'$\frac{1}{100}$ du nombre donné.

3° Ex. Nombre donné 0,075426 ; valeur approchée 0,07542 ou 7542 cent-millièmes. Or l'erreur absolue 0,000006 est moindre qu'1 cent-millième, l'erreur relative est donc moindre qu'$\frac{1}{7542}$ de la valeur approchée. A plus forte raison est-elle moindre qu'$\frac{1}{1000}$ d'une valeur plus grande. Elle est donc moindre qu'$\frac{1}{1000}$ du nombre donné.

142. Il suffit de ces trois exemples pour reconnaître qu'en général, l'erreur relative qui résulte de la substitution d'une valeur approchée à la valeur exacte d'un nombre quelconque, est moindre qu'0,1 ; 0,01 ; 0,001, etc., selon que la valeur approchée conserve de ce nombre, deux chiffres, trois chiffres, quatre chif-

fres, etc., en partant du premier chiffre significatif à gauche.

Réciproquement pour prendre d'un nombre donné une valeur approchée telle que l'erreur relative qui en résulte soit moindre qu'0,1 ; 0,01 ; 0,001, etc., il suffit de conserver de ce nombre, deux chiffres, trois chiffres, quatre chiffres, etc., en partant du premier chiffre significatif à gauche.

1er Ex. Nombre donné 4286 ; erreur relative demandée 0,1. Valeur approchée qu'il faut prendre, 4200.

2e Ex. Nombre donné 24,57 ; erreur relative demandée 0,01. Valeur approchée qu'il faut prendre, 24,5.

3e Ex. Nombre donné 0,075426 ; erreur relative demandée 0,001. Valeur approchée qu'il faut prendre, 0,07542.

Addition approchée. — Erreur absolue.

143. *Soit proposé de calculer à moins d'0,01 d'unité la somme des nombres* 684,87243 ; 56,52834 ; 0,96527.

Je dispose l'opération et je l'effectue comme d'habitude, à cela près cependant que je commence à la colonne des millièmes, afin de conserver aux nombres donnés une décimale de plus qu'en exige l'approximation voulue. L'opération terminée, je supprime la

$$\begin{array}{r} 684,87243 \\ 56,52834 \\ 0,96527 \\ \hline 742,365 \end{array}$$

dernière décimale au résultat, et j'ai 742,86 pour la somme demandée.

En effet l'erreur commise sur chacun des nombres donnés est moindre qu'0,001. Par conséquent l'erreur commise sur la somme est moindre qu'0,001 répété trois fois ou 0,003. D'ailleurs l'erreur qui provient de la suppression de la dernière décimale au résultat est de 0,005. Donc l'erreur totale est moindre que $0,003 + 0,005$; c'est-à-dire moindre que 0,008. A plus forte raison est-elle moindre qu'0,01.

Comme il peut arriver néanmoins que les deux parties dont se compose l'erreur totale fassent une somme plus grande que 0,010, on se fait une règle de forcer d'une unité la dernière décimale à conserver au résultat, et alors on est sûr d'avoir l'approximation demandée, soit par excès soit par défaut, tant que l'on n'aura pas plus de dix nombres à additionner. Si on en avait plus de dix et moins de cent, on conserverait aux nombres donnés deux décimales de plus au lieu d'une, et l'on supprimerait les deux dernières au résultat en se conformant à la règle qu'on vient de se faire.

Si les nombres donnés étaient approchés par excès, on s'abstiendrait de forcer la dernière décimale à conserver, car alors l'erreur totale serait égale à la différence des deux parties dont elle était la somme dans le cas précédent; mais si les uns étaient approchés par défaut et les autres par excès, on forcerait ou l'on ne forcerait pas la dernière décimale à conserver, selon que la somme des erreurs par défaut, augmentée du chiffre à supprimer et diminuée de la somme des erreurs par excès, serait plus grande ou plus petite qu'une unité du dernier ordre à conserver.

Addition approchée. — Erreur relative.

144. *Soit proposé de calculer à moins d'0,001 de sa valeur la somme des nombres* 75,64825 ; 9,57382 ; 0,25436.

Tout se réduit à déterminer les quatre premiers chiffres de cette somme, à compter du premier chiffre significatif à gauche.

$$\begin{array}{r} 75,64825 \\ 9,57382 \\ 0,25436 \\ \hline 85,475 \end{array}$$

A cet effet, j'observe que le premier des quatre exprimera des dizaines, car la somme totale sera comprise entre 10 et 100 ; il faut donc pour avoir les quatre chiffres requis, la calculer avec ses deux premières décimales, et c'est pourquoi je commence l'addition à la colonne des millièmes. L'opération terminée, je supprime la dernière décimale au résultat, et j'ai 85,47 pour la somme demandée, puisque l'erreur relative est moindre qu'0,001.

Soustraction approchée. — Erreur absolue.

145. *Soit proposé de calculer à moins d'0,001*

d'unité la différence des deux nombres 16,294735 et 8,748256.

Je dispose et j'effectue l'opération comme d'habitude, à cela près cepen-dant que je commence à la colonne des dix-millièmes, afin de conserver aux nombres don-nés une décimale de plus qu'en exige l'approxima-tion voulue. L'opération terminée, je supprime la dernière décimale au résultat, et j'ai 7,546 pour la différence demandée.

$$16,294735$$
$$8,748256$$
$$\overline{7,5465}$$

En effet, l'erreur commise sur chacun des nombres donnés est moindre qu'0,0001 ; l'erreur qui s'ensuit au résultat est, à plus forte raison, moindre aussi qu'0,0001, puisqu'elle est égale à la différence des deux autres. D'ailleurs l'erreur qui provient de la sup-pression de a dernière décimale est de 0,0005. Ainsi l'erreur totale est comprise entre la somme et la diffé-rence des deux erreurs partielles. Elle est donc moin-dre que 0,0010 ou qu'0,001 et la même chose aurait lieu, si les nombres donnés étaient approchés par excès. On peut donc s'abstenir de forcer la dernière décimale à conserver, quand les nombres donnés sont approchés dans le même sens ; or, dans cette hypo-thèse, il est plus simple de commencer l'opération à la colonne des millièmes, puisqu'alors l'erreur du résultat est égale à la différence des deux autres. Mais si elle en égalait la somme, comme il arrive quand les nombres donnés sont approchés en sens contraire, il faudrait se conformer à la règle et même forcer la dernière décimale à conserver quand cette somme serait par défaut.

Soustraction approchée. — Erreur relative.

146. *Soit proposé de calculer à moins d'0,01 de sa valeur la différence des deux nombres 0,4263298 et 0,3787945.*

Tout se réduit à déterminer les trois premiers chiffres de cette différence, à compter du premier chiffre significatif à gauche.

$$\begin{array}{r} 0{,}4263298 \\ 0{,}3787945 \\ \hline 0{,}04763 \end{array}$$

A cet effet, j'observe que le premier des trois exprimera des centièmes, car la différence totale sera comprise entre 0,1 et 0,01. Il faut donc, pour avoir les trois chiffres requis, la calculer avec ses quatre premières décimales, et c'est pourquoi je commence la soustraction à la colonne des cent-millièmes. L'opération terminée, je supprime la dernière décimale au résultat, et j'ai 0,0476 pour la différence demandée, puisque l'erreur relative est moindre qu'0,01.

Multiplication approchée. — Erreur absolue.

147. *Soit proposé de calculer à moins d'0,01 d'unité le produit des deux nombres 7,642538 et 3,724856.*

Je dispose l'opération en renver-   7,642538

sant le multiplicateur sous le multi-   6584273

plicande, de manière que le chiffre 3

des unités du multiplicateur se trouve   229275

sous la quatrième décimale, c'est-à-   53494

dire de deux ordres plus bas que le   1528

dernier qu'on veut conserver au pro-   304

duit. Cela fait, j'effectue la multipli-   56

cation comme d'habitude, à cela près cependant que   28,4657

je commence chaque produit partiel au chiffre du multiplicande qui se trouve au-dessus de celui qui me sert
de multiplicateur, et j'ai soin de disposer les produits
partiels de manière que le premier chiffre à droite
de chacun d'eux occupe la première colonne. L'opération terminée, je détache au résultat quatre décimales, parce que le chiffre des unités du multiplicateur est sous la quatrième du multiplicande; enfin,
je supprime les deux derniers et j'ai 28,75 pour le
produit demandé.

En effet l'erreur commise sur le premier produit
partiel est moindre qu'$0,0001 \times 3$ ou que $0,0003$;
l'erreur commise sur le second est moindre que
$0,001 \times 0,7$ ou qu'$0,0007$; l'erreur commise sur le
troisième est moindre qu'$0,01 \times 0,02$ ou qu'$0,0002$,
et ainsi des autres. L'erreur provenant de l'omission
des deux chiffres 5 et 6 à gauche du multiplicateur
renversé, est moindre qu'$0,0001 \times 8$ ou qu'$0,0001 \times$
$(7 + 1)$. Donc l'erreur commise sur le produit total est

moindre qu'0,0001 $\times$ (3 + 7 + 2 + 4 + 8 + 7 + 1), c'est-à-dire moindre qu'0,0001 multiplié par la somme des chiffres employés comme multiplicateurs, plus le premier chiffre du multiplicande plus 1 ; moindre enfin qu'0,0001 $\times$ 32 ou 0,0032. D'ailleurs l'erreur qui provient de la suppression des deux dernières décimales au résultat est 0,0057. Donc l'erreur totale est moindre que 0,0032 + 0,0057, c'est-à-dire moindre que 0,0089 ; à plus forte raison est-elle moindre qu'0,01.

Comme il peut arriver néanmoins que les deux parties dont se compose l'erreur totale fassent une somme plus grande que 0,010, on se fait une règle de forcer d'une unité la dernière décimale à conserver au résultat, et alors on est sûr d'avoir l'approximation demandée soit par excès soit par défaut, tant qu'on n'aura pas plus de dix produits partiels à effectuer. Si on en avait plus de dix et moins de cent, on placerait le chiffre des unités du multiplicateur de trois ordres plus bas sous le multiplicande au lieu de deux, et l'on supprimerait les trois dernières décimales au résultat, en se conformant à la règle qu'on vient de se faire.

S'il arrivait qu'on fût obligé d'écrire des zéros à droite du multiplicande, afin de faire prendre au chiffre des unités du multiplicateur la place qu'il doit occuper, la règle qu'on vient d'établir satisferait encore à la condition d'approximation, bien que l'erreur du résultat fût moindre, puisqu'alors on aurait autant de

produits partiels exacts qu'on aurait écrit de zéros
plus un, à droite du multiplicande.

Multiplication approchée. — Erreur relative.

148. *Soit proposé de calculer à moins d'0,001 de
sa valeur le produit des deux nombres* 8,642753 *et*
0,362479.

Tout se réduit à déterminer les quatre
premiers chiffres de ce produit, à compter du premier chiffre significatif à
gauche.

A cet effet j'observe que le premier
des quatre exprimera des unités, car le
produit total sera compris entre $8 \times 0,3$
et $9 \times 0,4$, c'est-à-dire entre 2,4 et
3,6. Il faut donc pour avoir les quatre

$$
\begin{array}{r}
8,642753 \\
9742630 \\
\hline
\cdots \\
259281 \\
51852 \\
1728 \\
344 \\
56 \\
\hline
3,13261
\end{array}
$$

chiffres requis, le calculer avec ses trois premières décimales, et c'est pourquoi j'écris le chiffre des unités
du multiplicateur renversé sous la cinquième du multiplicande. L'opération terminée, je supprime les deux
dernières décimales au résultat et j'ai 3,132 pour le
produit demandé, puisque l'erreur relative est moindre qu'0,001.

Division approchée. — Erreur absolue.

149. *Soit proposé de calculer à moins d'0,01 d'u-*

nité, le quotient des deux nombres 8,7654396 et 3,45678.

Le dividende étant compris entre le diviseur multiplié par 1 et le diviseur multiplié par 10, le quotient sera compris entre 1 et 10.

$$\begin{array}{r|l} 8,7654396 & 3,45678 \\ 876543,96 & 3456,78 \\ 18534 & \overline{253} \\ 12543 & \\ 2175 & \end{array}$$

Il faut donc pour l'avoir avec ses deux premières décimales, en calculer les trois premiers chiffres, à compter du premier chiffre significatif à gauche. C'est pourquoi je porte la virgule du diviseur après le quatrième et celle du dividende après le sixième afin d'avoir trois divisions partielles. Cela fait, je divise l'un par l'autre les deux nombres entiers 876543 et 3456. L'opération terminée, je détache deux décimales au résultat, et j'ai 2,53 pour le quotient demandé.

En effet la division effectuée donne l'égalité : $876543 = 3456 \times 253 + 2175$. En ajoutant aux deux membres la partie décimale du dividende, on a celle-ci : $876543,96 = 3456 \times 253 + 2175,96$. On peut sans troubler cette nouvelle, substituer au facteur 3456, le facteur 3456,78, pourvu que du terme 2175,96 on retranche le produit de $0,78 \times 253$, ce qui donne cette dernière égalité :

$$876543,96 = 3456,78 \times 253 + (2175,96 - 0,78 \times 253).$$

Or, le reste 2175 est plus petit, au moins d'une unité,

que le diviseur 3456 dont il dépend ; par conséquent 2175,96 est aussi plus petit que 3456, et à plus forte raison que 3456,78. D'un autre côté le produit $0,78 \times 253$ est plus petit que le quotient obtenu, et par conséquent plus petit que le diviseur 3456, qui a un chiffre de plus que le quotient. A plus forte raison est-il plus petit que 3456,78. La différence $2175,96 - 0,78 \times 253$ est donc à bien plus forte raison encore plus petite 3456,78.

L'égalité précédente signifie donc que le dividende 876543,96 est égal à 253 fois le diviseur 3456,78 plus une quantité moindre que le diviseur. 253 est donc, à moins d'une unité, le quotient de ces deux nombres. C'est donc aussi, quant à l'ordre et à la grandeur des chiffres, celui des deux nombres donnés ; car on sait qu'un déplacement de la virgule, au dividende comme au diviseur, n'entraîne qu'un déplacement de la virgule au quotient. Il est donc vrai qu'en y détachant deux décimales, on aura le nombre décimal 2,53 pour le quotient demandé. Cette valeur est d'ailleurs approchée par défaut, parce que 2175,96 est plus grand que le produit $0,78 \times 253$. S'il était plus petit, il est clair que 2,53 serait une valeur approchée par excès, puisqu'alors le produit $3456,78 \times 253$ surpasserait le dividende 876548,96.

On peut toujours, à l'inspection des deux nombres, reconnaître si le premier chiffre significatif du quotient doit être, comme dans cet exemple, plus petit que le premier chiffre significatif du diviseur. Dans ce cas on pourra s'abstenir, pour former le diviseur, de prendre un chiffre de plus qu'en doit avoir le quotient. L'opération s'abrégera et le quotient sera le plus souvent une valeur approchée par excès.

En donnant au diviseur deux chiffres de plus qu'en doit avoir le quotient on pourrait, à la multiplication ordinaire, substituer la multiplication approchée du diviseur par le quotient, en supprimant à chaque nouvelle division partielle un chiffre à droite du diviseur, au lieu d'en abaisser un du dividende à droite du reste obtenu. Mais ce procédé a sur le précédent moins d'avantages que d'inconvénients. D'abord on ignore le plus souvent si le quotient est approché par excès ou par défaut. Il peut aussi arriver que par ce procédé on soit conduit à un reste qui contienne plus de 10 fois le diviseur que l'on va employer, et alors il faut démontrer qu'à partir de là les chiffres qui viendront encore au quotient seront tous des 9.

Division approchée. — Erreur relative.

150. *Soit proposé de calculer à moins d'0,001 de sa valeur le quotient des deux nombres 0,029342567 et 0,856243.*

Tout se réduit à dé-
terminer les quatre pre-
miers chiffres de ce quo-
tient, à compter du
premier chiffre signifi-
catif à gauche.

$$\begin{array}{r|l} 0,0293425367 & 0,856243 \\ 293425,36 & '8562,243 \\ 36565 & \overline{3427} \\ 23173 & \\ 60496 & \\ 562 & \end{array}$$

A cet effet, j'observe que le premier des quatre exprimera des centièmes; car le dividende est compris
entre le diviseur multiplié par 0,1 et le diviseur multiplié par 0,01. La place de la virgule du quotient
étant ainsi déterminée, je remarque qu'il suffit de porter celle du diviseur après le quatrième chiffre, car
le premier du quotient sera plus petit que le premier
du diviseur. Je porte ensuite celle du dividende après
le huitième chiffre, afin d'avoir quatre divisions partielles, et je divise enfin l'un par l'autre les deux nombres entiers 0,29842536 et 8562. L'opération terminée, je détache cinq décimales au résultat, et j'ai
0,03427 pour le quotient demandé, puisque l'erreur
relative est moindre qu'0,001.

Extraction approchée. — Erreur relative.

151. *Soit proposé d'extraire la racine quarrée de* 15
à moins d'0,01 de sa valeur.

Tout se réduit à déterminer les
trois premiers chiffres de cette
racine à compter du premier
chiffre significatif à gauche.

$$\begin{array}{r|l} 150000 & 387 \\ 60'0 & \overline{68\times8} \\ 560'0 & 767\times7 \\ 231 & \end{array}$$

A cet effet, j'observe que le premier des trois ex-primera des unités; il faut donc calculer en outre les deux premières décimales, et partant écrire quatre zéros à droite de 15, puis prendre à moins d'une unité la racine quarrée du nombre ainsi formé. L'opération terminée, je détache deux décimales au résultat, et j'ai 3,87 pour la racine demandée, puisque l'erreur relative est moindre qu'0,01.

Soit proposé d'extraire à moins d'0,01 de sa valeur la racine cubique de 0,0018756.

Tout se réduit à déterminer les trois premiers chiffres de cette racine à compter du premier chiffre significatif à gauche.

$$\begin{array}{r|l} 1'875'600 & 123 \\ 8,75 & \overline{} \\ 147\,600 & 1^2 \times 3 = 3 \\ 24\,733 & 12^2 \times 3 = 432 \end{array}$$

A cet effet, j'observe que le premier des trois ex-primera des dixièmes; il faut donc calculer en outre les deux décimales suivantes, et partant écrire deux zéros à droite de 0,0018756 pour qu'il en ait neuf; prendre ensuite, à moins d'une unité, la racine cubique du nombre ainsi formé. L'opération terminée, je détache trois décimales au résultat, et j'ai 0,123 pour la racine demandée, puisque l'erreur relative est moindre qu'0,01.

Système métrique.

152. On donne en France le nom de *système métrique* à l'ensemble des mesures légales. On y désigne les multiples de dix en dix fois plus grands des diverses unités principales, en faisant précéder leurs noms des expressions *deca*, *hecto* et *kilo* employées pour signifier dix, cent et mille; on désigne leurs sous-multiples de dix en dix fois plus petits, en faisant précéder les mêmes noms des expressions *deci*, *centi* et *milli*, employées pour signifier dixième, centième et millième.

La dénomination de système métrique convient parfaitement à l'ensemble des mesures légales, et cela tient à l'idée ingénieuse qu'on a eu de faire dériver de l'unité de longueur, pour cela nommée fondamentale, toutes les autres unités principales. La filiation en est telle que, quand on a l'idée ou la vraie grandeur de la première, on a par cela même l'idée et l'on peut avoir la vraie grandeur de toutes les autres.

D'ailleurs, pour mieux fixer le système et en assurer l'invariabilité, on a eu soin de prendre l'unité fondamentale non-seulement dans la nature, mais encore dans ce que la nature paraissait offrir de moins sujet à varier, c'est-à-dire la forme et le volume de la terre.

153. L'*unité* de longueur, à laquelle on a donné le nom de MÈTRE, est la dix-millionième partie du quart du méridien terrestre. Les multiples usités du mètre sont le *décamètre*, l'*hectomètre* et le *kilomètre*. Ses sous-multiples sont le *décimètre*, le *centimètre* et le *millimètre*.

154. L'*unité* de superficie, à laquelle on a donné le

nom d'ARE, est le décamètre quarré. Le seul multiple usité de l'are est l'*hectare;* son seul sous-multiple est le *centiare.*

155. L'*unité* de volume, à laquelle on a donné le nom de STÈRE, est le mètre cube. Le seul multiple usité du stère est le *décastère;* son seul sous-multiple est le *décistère.*

156. L'*unité* de capacité, à laquelle on a donné le nom de LITRE, est le décimètre cube Les multiples usités du litre sont le *décalitre* et l'*hectolitre;* ses sous-multiples sont le *décilitre* et le *centilitre.*

157. L'*unité* de poids, à laquelle on a donné le nom de GRAMME, est le poids d'un centimètre cube d'eau distillée ramenée à son maximum de densité. Les multiples usités du gramme sont le *décagramme,* l'*hectogramme* et le *kilogramme;* les sous-multiples sont le *décigramme,* le *centigramme* et le *milligramme.*

158. L'*unité* de monnaie, à laquelle on a donné le nom de FRANC, est la valeur intrinsèque de cinq grammes d'alliage d'argent et de cuivre, au titre de 0,9. On ne fait usage d'aucun des multiples du franc, et l'on n'emploie guère qu'un de ses sous-multiples, c'est le centième du franc qu'on appelle, non pas *centifranc,* mais *centime.*

159. Bien qu'il ne figure pas dans le tableau suivant, le *myriamètre,* qui est une longueur de dix mille mètres, s'emploie quelquefois pour mesurer de grandes distances.

Tableau synoptique du système métrique.

Kilomètre,	———	———	———	*Kilogramme,*	———
Hectomètre,	*Hectare,*	———	*Hectolitre,*	*Hectogramme,*	———
Décamètre,	———	*Décastère,*	*Décalitre,*	*Décagramme,*	———
Mètre,	Are,	Stère,	Litre,	Gramme,	Franc.
Décimètre,	———	*Décistère,*	*Décilitre,*	*Décigramme,*	———
Centimètre,	*Centiare,*	———	*Centilitre,*	*Centigramme,*	*Centime.*
Millimètre,	———	———	———	*Milligramme,*	———

160. Le système métrique a sur tout autre système
de mesures, de nombreux avantages. Les uns tiennent
à cette particularité, que toutes les unités principales
dérivent du mètre ; les autres viennent de ce que les
multiples et les sous-multiples en usage, étant assu-
jettis à la même loi que la numération des nombres
décimaux, l'arithmétique pratique se réduit au calcul
décimal.

161. Quand on a évalué telle ou telle grandeur en
fonction de telle ou telle unité principale du système
métrique, il suffit pour évaluer la même grandeur en
fonction d'une autre unité, prise parmi les multiples
ou les sous-multiples de la même unité principale, de
porter la virgule dans le nombre qui représente cette
grandeur, d'un, deux ou trois rangs vers la gauche,
selon qu'on veut prendre pour nouvelle unité le 1ᵉʳ,
le 2ᵉ, ou le 3ᵉ multiple. Il faudrait au contraire porter
la virgule d'un, deux ou trois rangs vers la droite, si
on voulait prendre pour nouvelle unité le 1ᵉʳ, le 2ᵉ ou
le 3ᵉ sous-multiple.

162. Si la grandeur cependant était une surface

évaluée en mètres quarrés, il faudrait porter la virgule de deux, quatre ou six rangs vers la gauche pour évaluer la même grandeur en décamètres quarrés, hectomètres quarrés ou kilomètres quarrés; il faudrait au contraire porter la virgule de deux, quatre ou six rangs vers la droite pour l'évaluer en décimètres quarrés, centimètres quarrés ou millimètres quarrés.

163. Enfin si la grandeur était un volume évalué en mètres cubes, il faudrait porter la virgule de trois six ou neuf rangs vers la gauche pour évaleur la même grandeur en décamètres cubes, hectomètres cubes ou kilomètres cubes. Il faudrait au contraire porter la virgules de trois, six ou neuf rangs vers la droite pour l'évaluer en décimètres cubes, centimètres cubes ou millimètres cubes.

164. Lorsqu'un volume d'eau est évalué en mètres cubes, et qu'on porte la virgule de trois rangs vers la droite, on a le même volume évalué en décimètres cubes ou en litres. Par conséquent le même nombre exprimera en kilogrammes le poids du même volume d'eau. Il s'ensuit que pour évaleur en kilogrammes le poids d'un corps quelconque, il suffit de calculer son volume en décimètres cubes et de multiplier ce résultat par le poids spécifique de ce corps, c'est-à-dire par le nombre qui exprime le rapport du poids de ce même corps au poids d'un volume d'eau égal à celui du corps.

CHAPITRE VI.

PROPRIÉTÉS RELATIVES A LA MULTIPLICATION. — PROPRIÉTÉS RELATIVES A LA DIVISION. — CARACTÈRES DE DIVISIBILITÉ. — — PROPRIÉTÉS DES RESTES. — APPLICATION DE LA PREUVE DITE PAR 9 AUX OPÉRATIONS DE L'ARITHMÉTIQUE.

Propriétés relatives à la multiplication.

165. Un produit de deux facteurs renferme autant de chiffres qu'en ont les deux facteurs, ou bien autant qu'ils en ont moins un.

Ainsi un produit tel que 756×48 aura cinq chiffres au plus et quatre au moins.

Car le multiplicateur 48 étant plus petit que 100 et plus grand que 10, le produit sera compris entre 75600 et 7560. Il aura donc 5 chiffres ou 4 chiffres.

166. Un produit de plusieurs facteurs a au plus autant de chiffres qu'en ont tout les facteurs, et au moins autant qu'ils en ont, moins autant de chiffres qu'il y a de facteurs moins un.

6.

Ainsi un produit tel que $3624 \times 756 \times 48$ aura neuf chiffres au plus et sept au moins.

Car il sera compris entre le premier facteur 3624 suivi d'autant de zéros ou bien d'autant de zéros moins deux, qu'il y a de chiffres dans les deux autres facteurs, c'est-à-dire qu'il sera compris entre 362400000 et 3624000 ; il aura donc neuf chiffres au plus ou sept au moins.

Le quarré d'un nombre a au plus deux fois autant de chiffres que ce nombre lui-même, et au moins deux fois autant moins un.

Le cube d'un nombre a au plus, trois fois autant de chiffres que ce nombre lui-même, et au moins trois fois autant qu'il en a, moins deux.

167. Lorsque plusieurs nombres sont multiples d'un autre, leur somme et aussi leur différence, s'il n'y en a que deux, sont aussi multiples de ce nombre.

Si 84 et 48 sont des multiples de 12, leur somme 132 et leur différence 36 sont aussi des multiples de 12.

Par hypothèse on a d'une part $84 = 12$ répété 7 fois, d'autre part $48 = 12$ répété 4 fois; il s'ensuit que $84 \pm 48 = 12$ répété 7 fois ± 12 répété 4 fois, c'est-à-dire 12 répété (7 ± 4) fois. Donc, etc.

168. Lorsqu'un nombre est multiple d'un autre, tous les multiples du premier sont aussi multiples du second.

Ainsi 24 est multiple de 7 et 84 est multiple de 24 ; il en faut conclure que 84 est multiple de 7.

Par hypothèse on a d'une part $84 = 21$ répété 4 fois, d'autre part $21 = 7$ répété 3 fois, il s'ensuit que $84 = 7$ répété 4 fois 3 fois, ou 7 répété 12 fois. Donc, etc.

169. On obtient la somme ou la différence de deux produits qui ont un facteur commun, en multipliant ce facteur par la somme ou la différence des facteurs non communs.

On aura donc : $4 \times 8 + 4 \times 6 - 4 \times 3 = 4 \times (8 + 6 - 3)$.

Il est clair en effet que 4 répété 8 fois, plus 4 répété 6 fois, moins 4 répété 3 fois, est la même chose que 4 répété 8 fois plus 6 fois moins 3 fois, la même chose que 4 répété $(8 + 6 - 3)$ fois, ou $4 \times (8 + 6 - 3)$. Donc, etc.

170. On multiplie la somme ou la différence de deux nombres par un troisième, en multipliant par celui-ci les deux parties de la somme ou de la différence.

On aura donc $(7 + 5 - 4) \times 3 = 7 \times 3 + 5 \times 3 - 4 \times 3$.

En multipliant 7 par 3 au lieu de multiplier $7 + 5$, on multiplie un nombre trop petit de 5, par conséquent le produit 7×3 est trop petit de 5×3. Il faut donc l'augmenter de cette quantité et l'on a $7 \times 3 + 5 \times 3$ pour le produit de $7 + 5$ par 3. Mais en multipliant $7 + 5$ par 3, au lieu de multiplier $7 + 5 - 4$, on multiplie une quantité trop grande de 4, par conséquent le produit obtenu $7 \times 3 + 5 \times 3$, est trop grand de 4×3. Il faut donc le diminuer de cette quantité, et l'on a $7\times3+5\times3-4\times3$ pour le produit de $7+5-4$ par 3. Donc, etc.

171. On multiplie la somme ou la différence de deux nombres par la somme ou la différence de deux autres, en multipliant successivement les termes du multiplicande par chaque terme du multiplicateur.

On aura donc : $(7-5)\times(6+4)=(7\times6-5\times6+7\times4-5\times4$.

Il est clair que pour répéter le multiplicande $7-5$ autant de fois qu'il y a d'unités au multiplicateur, il faut le répéter d'abord 6 fois et ensuite 4 fois, ce qui donne $(7-5)\times6+(7-5)\times4$. Or on sait que $(7-5)\times6=7\times6-5\times6$, comme $(7-5)\times4=7\times4-5\times4$. En réunissant les deux résultats on aura $(7-5)\times(6+4)=7\times6-5\times6+7\times4-5\times4$.

Il est à remarquer que les produits partiels, fournis par chaque terme du multiplicateur, ont les mêmes signes que les termes du multiplicande, par conséquent ils auraient des signes contraires si le terme du multiplicateur dont ils dépendent avait le signe $-$. Donc on peut à l'égalité déjà connue $(7+5)^2=7^2+2(7\times5)+5^2$, ajouter les deux suivantes : $(7-5)^2=7^2-2(7\times5)+7^2$ et $(7+5)\times(7-5)=7^2-5^2$.

172. Traduites en langage ordinaire elles signifient 1° que le quarré de la somme de deux quantités est égal au quarré de la 1re, plus le double produit de la 1re par la 2e, et le quarré de la 2e; 2° que le quarré de la différence de deux quantités est égal au quarré

de la 1re moins le double produit de la 1re par la 2e et le quarré de la 2e; **3°** que le produit de la somme de deux quantités par leur différence est égal à la différence de leurs quarrés.

173. Effectuer un produit de plusieurs facteurs, c'est multiplier le 1er par le 2e, puis le résultat par le 3e, le nouveau résultat par le 4e et ainsi de suite.

174. Dans un produit de deux facteurs on peut, sans changer le produit, changer l'ordre des facteurs.

On aura donc : $3 \times 4 = 4 \times 3$.

Puisque $3 = 1 + 1 + 1$ il s'ensuit qu'en multipliant de part et d'autre par 4, on aura $3 \times 4 = 4 + 4 + 4$; or 4 ainsi répété trois fois, c'est la même chose que 4×3. Donc, etc.

175. Dans un produit de trois facteurs on peut, sans changer le produit, changer l'ordre des deux derniers facteurs.

On aura donc $2 \times 3 \times 4 = 2 \times 4 \times 3$.

Puisque $2 \times 3 = 2 + 2 + 2$, il s'ensuit qu'en multipliant de part et d'autre par 4, on aura $2 \times 3 \times 4 = 2 \times 4 + 2 \times 4 + 2 \times 4$. Or 2×4 ainsi répété trois fois, ou $(2 \times 4) \times 3$, c'est la même chose que $2 \times 4 \times 3$ puisque la multiplication de 2 par 4 doit être effectuée, avant qu'on ne multiplie par 3.

176. Dans un produit de plusieurs facteurs on peut sans changer le produit, changer l'ordre de deux facteurs successifs.

On aura donc $2 \times 3 \times 4 \times 5 \times 7 = 2 \times 3 \times 5 \times 4 \times 7$.

Puisque la multiplication de 2 par 3 par 4 et par 5 doit être effectuée, avant qu'on ne multiplie de part et d'autre par 7, l'égalité proposée sera vraie, si l'on a $2 \times 3 \times 4 \times 5 = 2 \times 3 \times 5 \times 4$. Mais dans celle-ci le produit de 2 par 3 doit être effectué avant qu'on ne multiplie, d'un côté par 4 et par 5, et de l'autre par 5 et par 4; elle sera donc vraie si l'on a $6 \times 4 \times 5 = 6 \times 5 \times 4$. Or cette dernière est démontrée, donc la précédente et la proposée le sont aussi.

Si on observe actuellement, qu'avec la liberté de changer ainsi l'ordre de deux facteurs successifs, on peut faire occuper à chacun d'eux telle place que l'on veut, on reconnaît que :

177. Dans un produit de plusieurs facteurs on peut sans changer le produit, changer à volonté l'ordre des facteurs.

178. On multiplie un produit de plusieurs facteurs par un nombre quelconque, en multipliant un seul facteur par ce nombre.

On aura donc $(3 \times 5 \times 7) \times 4 = (3 \times 4) \times 5 \times 7$.

Au produit $(3 \times 5 \times 7) \times 4$ on peut substituer $3 \times 5 \times 7 \times 4$, puisque la multiplication de 3 par 5 et par 7 doit être effectuée avant qu'on ne multiplie par 4. Au produit $3 \times 5 \times 7 \times 4$ on peut substituer le produit $3 \times 4 \times 5 \times 7$, puisqu'on est en droit de changer l'ordre des facteurs. Enfin, on peut, au produit $3 \times$

$4\times5\times7$, substituer $(3\times4)\times5\times7$, puisque la multiplication de 3×4 doit être effectuée avant qu'on ne multiplie par 5 et par 7. Donc, etc.

179. On multiplie un nombre par un produit de plusieurs facteurs, en le multipliant successivement par les facteurs du produit.

On aura donc $4\times(3\times5\times7)=4\times3\times5\times7$.

Au produit $4\times(3\times5\times7)$ on peut substituer $(3\times5\times7)\times4$,puisqu'on est en droit de changer l'ordre des facteurs. Au produit $(3\times5\times7)\times4$ on peut substituer $3\times5\times7\times4$, puisque la multiplication de 3 par 5 et par 7 doit être effectuée avant qu'on ne multiplie par 4. Enfin on peut, au produit $3\times5\times7\times4$, substituer $3\times4\times5\times7$, puisqu'on est en droit de changer l'ordre des facteurs. Donc, etc.

180. On multiplie l'un par l'autre des produits de plusieurs facteurs, en multipliant entre eux les facteurs du produit.

On aura donc $(2\times7)\times(3\times5)=2\times7\times3\times5$.

Au produit $(2\times7)\times(3\times5)$ on peut substituer le produit $2\times7\times(3\times5)$, puisque la multiplication de 2 par 7 doit être effectuée avant qu'on ne multiplie par (3×5). Au produit $2\times7\times(3\times5)$ on peut substituer $(3\times5)\times2\times7$, puisqu'on est en droit de changer l'ordre des facteurs. Au produit $(3\times5)\times2\times7$ on peut substituer $3\times5\times2\times7$, puisque la multiplication de 3 par 5 doit être effectuée avant qu'on ne multiplie par 2 et par 7. Enfin on peut, au produit

$3\times5\times2\times7$, substituer $2\times7\times3\times5$, puisqu'on est en droit de changer l'ordre des facteurs. Donc, etc.

181. On élève au quarré un produit de plusieurs facteurs en élevant au quarré chacun des facteurs du produit.

On aura donc $(2\times5\times7)^2 = 3^2\times5^2\times7^2$.

On a d'abord par définition $(3\times5\times7)^2 = (3\times5\times7)\times(3\times5\times7)$. Il ne s'agit plus que de multiplier l'un par l'autre deux produits de plusieurs facteurs ; on aura par conséquent : $(3\times5\times7)\times(3\times5\times7) = 3\times5\times7\times3\times5\times7 = 3\times3\times5\times5\times7\times7 = 3^2\times5^2\times7^2$.

Il est évident, d'après cela, qu'on obtient la racine quarrée d'un produit de plusieurs facteurs en prenant la racine quarrée de chacun des facteurs du produit.

On aura ainsi

$$\sqrt{9\times25\times49} = \sqrt{9}\times\sqrt{25}\times\sqrt{49} = 3\times5\times7.$$

Le même raisonnement s'applique à la formation du cube ou de toute autre puissance, comme à l'extraction de la racine cubique ou de tout autre degré d'un produit de plusieurs facteurs.

182. On multiplie l'une par l'autre deux puissances d'un même nombre en affectant ce nombre d'un exposant égal à la somme des exposants des deux facteurs.

On aura donc $a^3\times a^2 = a^5$.

C'est, en effet, ce qu'on obtient en multipliant par ordre les deux égalités $7^3 = 7 \times 7 \times 7$ et $7^2 = 7 \times 7$, dont les seconds membres sont des produits de plusieurs facteurs. Ainsi $7^3 \times 7^2 = 7 \times 7 \times 7 \times 7 \times 7 = 7^5$.

Propriétés relatives à la division.

183. Le quotient d'une division a toujours autant de chiffres que le dividende en a de plus que le diviseur, ou bien autant moins un.

Le nombre des chiffres du quotient est le même que celui des divisions partielles. Or le premier dividende partiel a autant de chiffres que le diviseur ou bien autant plus un. Dans ce dernier cas le nombre des divisions partielles, et conséquemment celui des chiffres du quotient, est égal à l'excès du nombre des chiffres du dividende sur celui du diviseur. Dans l'autre cas, il y aura une division partielle de plus, et conséquemment un chiffre de plus au quotient.

184. Quand un nombre est divisible par un autre, il est divisible par le quotient de leur division.

Ainsi, parce que 84 est divisible par 12, il est aussi divisible par 7, qui est le quotient de leur division.

Car 84 est aussi bien égal à 12 fois 7 qu'à 7 fois 12, puisqu'on ne change pas le produit en changeant l'ordre des deux facteurs.

185. Lorsqu'un nombre en divise plusieurs autres,

il divise leur somme et aussi leur différence, s'il n'y en a que deux.

On a vu, en effet, que la somme de plusieurs multiples d'un nombre, et aussi leur différence, s'il n'y en a que deux, sont des multiples de ce nombre.

186. Lorsqu'un nombre en divise un autre, il en divise tous les multiples.

On a vu, en effet, que quand un nombre est multiple d'un autre, tous les multiples du premier sont aussi multiples du second.

187. On divise la somme ou la différence de deux nombres par un troisième, en divisant par celui-ci les deux parties de la somme ou de la différence.

On aura donc $(84 \pm 28) : 7 = 84 : 7 \pm 28 : 7$.

Il est clair qu'on aura $\frac{1}{7}$ de la somme en ajoutant à $\frac{1}{7}$ de le première partie, $\frac{1}{7}$ de la seconde, et qu'on aura $\frac{1}{7}$ de la différence en retranchant d'$\frac{1}{7}$ de la première partie $\frac{1}{7}$ de la seconde.

188. On divise un produit de plusieurs facteurs par un nombre quelconque, en divisant par ce nombre un des facteurs du produit.

Si l'on a $84 = 12 \times 7$, on aura $84 : 3 = (12 : 3) \times 7$.

Car en divisant par 3 le facteur 12 au lieu du produit 84 qui est 7 fois plus grand, le quotient sera 7 fois trop petit ; donc en le multipliant par 7 on aura le quotient de 84 par 3.

189. On divise un nombre par un produit de plusieurs facteurs en le divisant successivement par les facteurs du produit.

Si l'on a $108 = 12 \times 9$, on aura $324 : 108 = (324 : 12) : 9$.

Car si l'on divise 324 en 12 parties égales, et qu'on subdivise celles-ci en 9 parties elles-mêmes égales, il est clair que 324 sera divisé en 12 fois 9 ou en 108 parties égales entre elles; donc $\frac{1}{9}$ d'$\frac{1}{12}$ de 324 est la même chose qu'$\frac{1}{108}$ de ce nombre.

190. On divise l'une par l'autre deux puissances d'un même nombre en affectant ce nombre d'un exposant égal à l'excès de l'exposant de la puissance dividende sur l'exposant de la puissance diviseur.

On aura donc $7^5 : 7^3 = 7^2$.

On a vu, en effet, que le produit de deux puissances d'un même nombre s'obtient en affectant ce nombre d'un exposant égal à la somme des exposants des deux facteurs.

Caractères de divisibilité.

191. Le reste de la division d'un nombre par 2 ou par 5 est le même que celui de la division par 2 ou par 5 de son dernier chiffre à droite.

Quel que soit, en effet, le nombre donné, 4657 je suppose, on peut le décomposer en deux parties, dizaines et unités. On a ainsi $4657 = 4650 + 7$. Or

les deux membres de cette égalité fourniront le même
reste si on les divise l'un et l'autre par 2 ou par 5.
D'ailleurs la partie 4650 du second membre, en ce
qu'elle est multiple de 10, qui lui-même est multiple de 2 et de 5, est divisible par 2 et par 5. Donc,
le reste de la division de ce membre tout entier, et
conséquemment du nombre proposé qui lui est égal,
n'est pas autre que le reste de la division du chiffre
7 par 2 ou par 5. De là cette conséquence :

Tout nombre dont le dernier chiffre à droite est divisible par 2 ou par 5, est lui-même divisible par 2
ou par 5.

192. Le reste de la division d'un nombre par 4 ou
par 25, est le même que celui de la division par 4 ou
par 25, du nombre formé de ses deux derniers chiffres
à droite.

Quel que soit, en effet, le nombre donné, 4657 je
suppose, on peut le décomposer en deux parties, centaines et unités. On a ainsi $4657 = 4600 + 57$. Or
les deux membres de cette égalité fourniront le même
reste, si on les divise l'un et l'autre par 4 ou par 25 ;
d'ailleurs la partie 4600 du second membre, en ce
qu'elle est multiple de 100, qui lui-même est multiple de 4 et de 25, est divisible par 4 et par 25. Donc
le reste de la division de ce membre tout entier, et
conséquemment du nombre proposé qui lui est égal,
n'est pas autre que le reste de la division de 57 par 4
ou par 25. De là cette conséquence :

Tout nombre dont les deux derniers chiffres à droite font un nombre divisible par 4 ou par 25, est lui-même divisible par 4 ou par 25.

193. Le reste de la division d'un nombre par 3 ou par 9, est le même que celui de la division par 3 ou par 9, de la somme de ses chiffres.

Quel que soit, en effet, le nombre proposé, 4657 je suppose, on peut le décomposer en deux parties, l'une multiple de 3 et de 9, l'autre égale à la somme de ses chiffres.

Car en désignant par m9 un multiple de 3 et de 9, on a successivement :

$$1000 = 999 + 1, \text{ ou } 1\,m9 + 1$$
$$\text{et par suite : } 4000 = 4m9 + 4$$
$$100 = 99 + 1, \text{ ou } 1\,m9 + 1$$
$$\text{et par suite : } 600 = 6m9 + 6$$
$$10 = 9 + 1, \text{ ou } 1\,m9 + 1$$
$$\text{et par suite : } 50 = 5m9 + 5$$
$$1 = 0 + 1, \text{ ou } 1\,m9 + 1$$
$$\text{et par suite : } 7 = 7m9 + 7$$

$$\text{d'où, en additionnant par ordre : } 4657 = 22m9 + 22$$

Or les deux membres de cette dernière égalité fourniront le même reste, si on les divise l'un et l'autre par 3 ou par 9. D'ailleurs la première partie de 22 m9 du second membre admet évidemment ces deux diviseurs, donc le reste de la division de ce membre tout entier, et conséquemment du nombre proposé qui lui est égal, n'est pas autre que le reste de la division par 3 ou par 9 de la somme 22 des chiffres 4, 6, 5, 7. De là cette conséquence :

Tout nombre dont la somme des chiffres est divisible par 3 ou par 9, est lui-même divisible par 3 ou par 9.

194. Le reste de la division d'un nombre par 11, est le même que celui de la division par 11, de l'excès de la somme des chiffres d'ordre impair, sur la somme des chiffres d'ordre pair ; la première somme étant augmentée d'un multiple de 11 si elle est plus petite que l'autre.

Quel que soit, en effet, le nombre donné, 4657 je suppose, on peut le considérer comme la somme de deux autres, dont l'un 607 soit formé des chiffres d'ordre impair, et l'autre 4050 formé des chiffres d'ordre pair.

En considérant le premier et désignant par m11 un multiple de 11, on a successivement :

$$100 = 99 + 1, \text{ ou } 1m11 + 1$$
$$\text{et par suite : } 600 = 6m11 + 6$$
$$1 = 0 + 1, \text{ ou } 1m11 + 1$$
$$\text{et par suite : } 7 = 7m11 + 7$$

d'où, en additionnant par ordre : $607 = 13\,m11 + 13$

Cette égalité montre clairement qu'un nombre tel 607,

qui n'a que des unités d'ordre impair, est un multiple de 11, augmenté de la somme de ses chiffres.

En considérant le second et désignant toujours par m11 un multiple de 11, on a successivement :

$$1000 = 999 + 11 - 1, \text{ou } 1m11 - 1,$$
$$\text{et par suite :} \quad 4000 = 4m11 - 4$$
$$10 = \quad 0 + 11 - 1, \text{ou } 1m11 - 1,$$
$$\text{et par suite :} \quad 50 = 5m11 - 5$$
$$\text{et en additionnant par ordre :} \quad \overline{4050 = 9m11 - 9}$$

Cette nouvelle égalité montre aussi clairement qu'un nombre tel que 4050, qui n'a que des chiffres d'ordre impair, est un multiple de 11 diminué de la somme de ses chiffres.

$$\text{Si du premier résultat :} \quad 607 = 13m11 + 13$$
$$\text{on rapproche ainsi le second :} \quad 4050 = 9m11 - 9$$
$$\text{et qu'on en fasse la somme :} \quad \overline{4657 = 22m11 - 4}$$

on obtient une dernière égalité, dont les deux nombres fourniront le même reste, si on les divise l'un et l'autre par 11. D'ailleurs la première partie du second membre admet ce diviseur ; il s'ensuit que le reste de la division de ce membre tout entier, et conséquemment du nombre proposé qui lui est égal, n'est pas autre que le reste de la division par 11, de l'excès 4 de 13 sur 9. Donc, etc.

195. Le reste d'une division ne change pas quand on augmente ou diminue le dividende d'un certain nombre de fois le diviseur ; mais le quotient augmente ou diminue du même nombre, de fois l'unité.

En effet, la division de 153 par 27 donne : $$153 = 27 \times 5 + 18$$

Si à cette égalité on ajoute l'égalité suivante : $$81 = 27 \times 3$$

ou bien qu'on l'en retranche, on aura $$153 \pm 81 = 27 \times (5 \pm 3) + 18$$

La proposition est donc démontrée.

196. Lorsque par un même nombre on en divise plusieurs autres et leur somme, le dernier reste est égal à la somme des autres ou bien au reste de la division de cette même somme par le même diviseur.

Car, en décomposant chaque nombre en deux parties, l'une égale au plus grand multiple du diviseur qu'il contient, l'autre à l'excès dont il le surpasse, on aura successivement, comme dans l'exemple ci-dessous où l'on prend 12 pour diviseur :

$$213 = 204 + 9,\text{ ou mieux :} \qquad 213 = 17 \text{ fois } 12 + 9$$
$$139 = 132 + 7,\text{ ou mieux :} \qquad 132 = 11 \text{ fois } 12 + 7$$

d'où, en additionnant par ordre : $$352 = 28 \text{ fois } 12 + 16$$

Or les deux membres de cette dernière égalité fourniront le même reste si on les divise l'une et l'autre par 12 ; et comme la première partie du second membre admet ce diviseur, il s'ensuit que le reste de la division par 12 de ce membre tout entier, et conséquemment de la somme 352, n'est pas autre que le reste de la division par 12 de la seconde partie 16.

On voit par là que pour trouver le reste de la division de la somme de plusieurs nombres par un diviseur quelconque, on a toujours deux moyens : l'un c'est d'opérer sur la somme elle-même ; l'autre c'est d'opérer, comme on vient de le voir, sur les restes de la division des nombres donnés. On conçoit donc que si les deux moyens s'accordent à fournir le même reste, il faudra conclure que la somme obtenue est la véritable, ou qu'elle en diffère d'un multiple du diviseur.

197. Lorsque par un même nombre on en divise plusieurs autres et leur produit, le dernier reste est égal au produit des autres, ou bien au reste de la division de ce même produit divisé par le même diviseur.

Car en décomposant chaque nombre en deux parties, l'une égale au plus grand multiple du diviseur qu'il contient, l'autre à l'excès dont il le surpasse, on aura successivement, comme dans l'exemple ci-dessous où l'on prend 12 pour diviseur :

$$56 = 48 + 8, \text{ ou mieux} \qquad 56 = \quad 4 \text{ fois } 12 + 8$$
$$38 = 36 + 2, \text{ ou mieux} \qquad 38 = \quad 3 \text{ fois } 12 + 2$$

et en multipliant par ordre : $2128 = 176 \text{ fois } 12 + 16$

Je dis 176 fois 12, parce que le produit des deux seconds membres se compose de quatre produits partiels qui sont : le produit de 4 fois 12 par 3 fois 12 ou
144 fois 12, le produit de 8 par 3 fois 12 ou 24
fois 12, le produit de 4 fois 12 par 2, ou 8 fois 12 ;
enfin le produit de 8 par 2 ou 16. Les trois premiers
étant séparément des multiples de 12, leur somme
doit être, ainsi qu'on l'a trouvée, un multiple de ce
diviseur. D'ailleurs les deux membres de l'égalité obtenue fourniront le même reste si on les divise l'un
et l'autre par 12 ; et comme la première partie du second membre admet ce diviseur, le reste de la division par 12 de ce membre tout entier, et conséquemment du produit 2128, n'est pas autre que le reste de
la seconde partie 16.

On voit par là que, pour trouver le reste de la division du produit de plusieurs nombres par un diviseur
quelconque, on a toujours deux moyens : l'un c'est
d'opérer sur le produit lui-même, l'autre c'est d'opérer, comme on vient de le voir, sur les restes de la
division des nombres donnés. On conçoit donc que si
les deux moyens s'accordent à fournir le même reste,
il faudra conclure que le produit obtenu est le véritable ou qu'il en diffère d'un multiple du diviseur.

198. Sans constituer dans la pratique un contrôle rigoureux des opérations, ces propriétés des restes peuvent néanmoins donner de leur exactitude un degré de probabilité qui augmente comme le diviseur dont on fait usage ; car plus celui-ci est grand, moins ses multiples sont nombreux, et plus ce genre de vérification a de chances de succès. Cependant, pour qu'il y ait avantage à le pratiquer, il faut qu'on puisse obtenir les restes sans recourir au procédé ordinaire de la division. On y réussit en choisissant un diviseur parmi les nombres pour lesquels on a des caractères de divisibilité. Encore faut-il que ces caractères soient de ceux qui exigent que l'on tienne compte de tous les chiffres de chaque nombre, afin que l'altération de tel ou tel d'entre eux se manifeste par l'altération qu'en éprouve le reste correspondant, et conséquemment le reste final.

On conçoit actuellement que c'est parmi les nombres 3, 9 et 11 qu'il convient de choisir un diviseur ; et comme les chances de succès qu'ils présentent sont en raison de leur grandeur, il est clair qu'on doit écarter le diviseur 3, et, sous ce point de vue, s'attacher au diviseur 11. Cependant c'est au diviseur 9 qu'on donne la préférence, parce que la détermination des restes, quand on emploie ce diviseur, dépend d'un procédé plus simple. C'est ce qui explique l'usage si répandu de la preuve, dite preuve par 9, des opérations de l'arithmétique.

Application de la preuve par 9.

199. *A l'addition.* On déterminera les restes de la division par 9 des nombres donnés et de la somme obtenue. S'il arrive que le dernier de ces restes soit lui-même égal au reste de la division par 9 de la somme des autres, on conclura que la somme obtenue est la véritable, ou qu'elle en diffère d'un multiple de 9.

200. *A la soustraction.* On déterminera les restes de la division par 9 des nombres donnés et de la différence obtenue. S'il arrive que le premier de ces restes soit lui-même égal au reste de la division par 9 de la somme des deux autres, on conclura que la somme obtenue est la véritable, ou qu'elle en diffère d'un multiple de 9.

A la multiplication. On déterminera les restes de la division par 9 des deux facteurs et du produit obtenu. S'il arrive que le dernier de ces restes soit lui-même égal au reste de la division par 9 du produit des deux autres, on conclura que le produit obtenu est le véritable, ou qu'il en diffère d'un multiple de 9.

201. *A la division.* On déterminera les restes de la division par 9 du diviseur, du quotient, du reste de l'opération et du dividende. Au produit des deux premiers restes on ajoutera le troisième; s'il arrive que le reste de la division par 9 du résultat ainsi obtenu soit égal au reste du dividende, on conclura que le quotient obtenu est le véritable, ou qu'il en diffère d'un multiple de 9.

202. *Au calcul du quarré.* On déterminera les restes de la division par 9 du nombre donné et du quarré obtenu. S'il arrive que le reste de la division par 9 du quarré du premier reste soit égal au second, on conclura que le quarré obtenu est le véritable, ou qu'il en diffère d'un multiple de 9.

203. *Au calcul de la racine quarrée.* On déterminera les restes de la division par 9 de la racine, du reste de l'opération et du nombre donné. Au quarré du premier reste on ajoutera le second. S'il arrive que le reste de la division par 9 du résultat ainsi obtenu soit égal au reste du nombre donné, on conclura que la racine obtenue est la véritable, ou qu'elle en diffère d'un multiple de 9.

204. *Au calcul du cube.* On déterminera les restes de la division par 9 du nombre et du cube obtenu. S'il arrive que le reste de la division par 9 du cube du premier reste soit égal au second, on conclura que le cube obtenu est le véritable, ou qu'il en diffère d'un multiple de 9.

205. *Au calcul de la racine cubique.* On déterminera les restes de la division par 9 de la racine, du reste de l'opération et du nombre donné. Au cube du premier reste on ajoutera le second. S'il arrive que le reste de la division par 9 du résultat ainsi obtenu soit égal au reste du nombre donné, on conclura que la

racine obtenue est la véritable, ou qu'elle en diffère
d'un multiple de 9.

206. Il est évident que la preuve par 11 se prati-
querait avec la même facilité, à cela près seulement
que la détermination des restes serait plus laborieuse.
L'application simultanée des deux preuves à la même
opération présenterait plus de chances d'exactitude;
car alors une erreur ne pourrait passer inaperçue
qu'autant qu'elle serait à la fois multiple de 9 et de 11,
c'est-à-dire égale à 99 ou à un multiple de ce nombre.

CHAPITRE VII.

**PLUS GRAND COMMUN DIVISEUR. — PLUS PETIT COMMUN MULTIPLE.
PROPRIÉTÉS DES NOMBRES PREMIERS.**

Plus grand commun diviseur.

207. Quand on multiplie deux nombres par un troisième, le quotient du premier par le second ne change pas, mais le reste de leur division est multiplié par le même nombre.

En effet, la division de 144 par 32 donne pour quotient 4 et pour reste 16. On aura donc $144 = 32 \times 4 + 16$. Si l'on multiplie le dividende 144 et le diviseur 32 par un même nombre, 3 je suppose, il faudra, pour conserver l'égalité, multiplier aussi le reste 16 par 3. On aura donc : (3 fois 144) = (3 fois 32) $\times 4 +$ (3 fois 16). Or on avait le reste 16 plus petit que l'ancien diviseur 32. Donc on a (3 fois 16) plus petit que le nouveau diviseur (3 fois 32) ; par conséquent (3 fois 16) est le reste de la nouvelle division.

On voit ainsi que tout nombre qui en multiplie deux autres multiplie le reste de leur division, et que tout nombre qui multiplie le reste d'une division et le diviseur multiplie aussi le dividende.

208. Quand on divise deux nombres par un troisième, le quotient du premier par le second ne change pas, mais le reste de leur division est aussi divisé par le même nombre.

En effet, la division de 144 par 32 donne pour quotient 4 et pour reste 16. On aura donc : $144 = 32 \times 4 + 16$. Si l'on divise le dividende 144 et le diviseur 32 par un même nombre, 2 je suppose, il faudra pour conserver l'égalité diviser aussi le reste 16 par 2. On aura donc : $\left(\frac{1}{2} \text{ de } 144\right) = \left(\frac{1}{2} \text{ de } 32\right) \times 4 + \left(\frac{1}{2} \text{ de } 16\right)$. Or on avait le reste 16 plus petit que l'ancien diviseur 32, donc on a $\left(\frac{1}{2} \text{ de } 16\right)$ plus petit que le nouveau diviseur $\left(\frac{1}{2} \text{ de } 32\right)$; par conséquent $\left(\frac{1}{2} \text{ de } 16\right)$ est le reste de la nouvelle division.

On voit ainsi que tout nombre qui en divise deux autres divise le reste de leur division, et que tout nombre qui divise le reste d'une division et le diviseur divise aussi le dividende.

209. Pour trouver le plus grand commun diviseur de deux nombres donnés, on divise le plus grand de

cés nombres par le plus petit, puis le plus petit par le reste de la division ; on divise ensuite le premier reste par le second, le second par le troisième, et ainsi de suite. Dès qu'on arrive à un reste nul, le diviseur dont il dépend est le plus grand commun diviseur cherché.

En opérant ainsi sur les deux nombres 252 et 105, on trouve 21 pour leur plus grand commun diviseur.

En effet, le plus grand commun diviseur demandé divisera 252 et 105 ; par conséquent aussi

$$
\begin{array}{c|c|c|c}
\cdot & 2 & 2 & 2 \\
\hline
252 & 105 & 42 & 21 \\
42 & 21 & 00 & \cdot
\end{array}
$$

le reste 42 de leur division. C'est donc un diviseur commun à 105 et 42. Or tous les diviseurs communs à 105 et 42 divisent 252 ; par conséquent le plus grand commun diviseur de 252 et 105 est le même que celui de 105 et 42. En raisonnant sur ces deux nombres comme sur les deux précédents, on prouvera que le plus grand commun diviseur de 105 et 42 ne diffère pas de celui de 42 et 21. Or 21 se divise lui-même et il divise 42. C'est donc le plus grand commun diviseur demandé.

210. Quand un nombre en multiplie ou divise deux autres, il multiplie ou divise aussi leur plus grand commun diviseur.

La raison en est qu'en multipliant ou divisant par 3, je suppose, les deux nombres 252 et 105, le reste 42 de leur division sera multiplié ou divisé par 3. Mais alors 105 et 42 sont l'un et l'autre multipliés ou divisés par 3. Donc le reste de leur division 21, c'est-à-dire le plus grand commun diviseur de 252 et 105, est lui-même multiplié ou divisé par 3.

211. Pour trouver le plus grand commun diviseur de trois nombres, on cherche d'abord le plus grand diviseur commun à deux d'entre eux, puis le plus grand diviseur commun à celui que l'on vient de trouver et le troisième nombre. Ce dernier sera le plus grand commun diviseur des trois nombres.

En opérant ainsi sur les trois nombres 252, 105 et 54, on trouve 6 pour leur plus grand commun diviseur.

En effet, le plus grand commun diviseur qu'il s'agit de trouver divisera 252 et 105, par conséquent aussi leur plus grand commun diviseur 21 ; c'est donc un diviseur commun à 21 et 54 qu'il doit aussi diviser. Or tous les diviseurs communs à 21 et 54 divisent aussi 105 et 252. Il est donc vrai que 6 est le plus grand commun diviseur des trois nombres.

Plus petit commun multiple.

212. Pour trouver le plus petit commun multiple de deux nombres, on divise l'un d'eux par leur plus grand commun diviseur, et on multiplie l'autre par le quotient obtenu.

En opérant ainsi sur les deux nombres 18 et 24 dont le plus grand commun diviseur est 6, on trouve 72 pour leur plus petit commun multiple.

On a d'une part $18 = 6 \times 3$ et de l'autre $24 = 6 \times 4$. En multipliant par ordre ces deux égalités et en divisant par 6 les deux produits, on obtient : $\frac{18 \times 24}{6} = 3 \times 6 \times 4$. Or le second membre de cette nouvelle égalité est un nombre entier multiple à la fois de 18 et de 24 puisqu'il est multiple de 3×6 et de 6×4. Il faut donc que le premier membre $\frac{18 \times 24}{6}$ soit aussi un nombre entier multiple de 18 et de 24, et c'est le plus petit parce que 6 est leur plus grand commun diviseur. D'ailleurs $\frac{18 \times 24}{6}$ peut prendre successivement les deux formes $\frac{18}{6} \times 24$ et $18 \times \frac{24}{6}$. Il est donc vrai que 72 qu'on obtient ainsi est le plus commun multiple de 18 et 24.

243. Quand un nombre en multiple ou divise deux autres, il multiple ou divise aussi leur plus peti commun multiple.

La raison en est qu'en multipliant ou divisant par 3, je suppose, les nombres 18 et 24, leur plus grand commun diviseur 6 sera multiplié ou divisé par 3. Mais alors 18 et 6 sont l'un et l'autre multipliés ou divisés par 3 ; c'est pourquoi le quotient 4 de leur division reste le même. Or c'est en multipliant par ce quotient l'autre nombre 24 devenu 3 fois plus grand ou plus petit, qu'on obtient leur plus petit commun multiple. Donc il est multiplié ou divisé par 3.

214. Quand un nombre est divisible par deux au-

tres, il est aussi divisible par leur plus petit commun multiple.

Ainsi, parce que 288 est divisible par 18 et 24 il sera divisible par leur plus petit commun multiple 72.

En effet, 18 et 24 divisant 288 et 72 diviseront leur différence, qui est au moins égale à 72, puisque 18 et 24 ne divisent simultanément aucun nombre plus petit. Si elle est plus grande, et qu'on en retranche 72, la nouvelle différence elle-même sera divisible par 72. Il s'ensuit qu'en retranchant successivement 72 de 288, autant de fois que possible, le reste sera nul. Donc, etc.

215. Pour trouver le plus petit commun multiple de trois nombres, on cherche d'abord le plus petit multiple commun à deux d'entre eux, puis le plus petit multiple commun à celui que l'on vient de trouver et le troisième nombre. Ce dernier sera le plus petit commun multiple des trois nombres.

En opérant ainsi sur les trois nombres 18, 24 et 32, on trouve 288 pour leur plus petit commun multiple.

En effet, le plus petit commun multiple qu'il s'agit de trouver sera multiple de 18 et 24, par conséquent aussi de leur plus petit commun multiple 72. C'est donc un multiple commun à 72 et 32 qui doit aussi le diviser. Or tous les multiples communs à 72 et 32 sont aussi multiples de 18 et 24. Il est donc vrai que 288 est le plus petit commun multiple des trois nombres.

Propriétés des nombres premiers.

216. On appelle nombre *premier* tout nombre qui n'est divisible que par lui-même et par l'unité. Tels sont les nombres 1, 2, 3, 5, 7, 11, 13, 17, 19, etc.

On dit, en considérant plusieurs nombres, qu'ils sont premiers absolus quand ils sont premiers séparément, et qu'ils sont premiers entre eux quand ils n'ont que l'unité pour tout diviseur commun.

Par exemple, 6 et 35 sont premiers entre eux quoiqu'ils ne soient pas premiers absolus; car l'un n'admet que les diviseurs 1, 2, 3, 6, et l'autre que les diviseurs 1, 5, 7, 35. Le diviseur 1 est donc le seul qui leur soit commun.

217. Le plus petit des diviseurs d'un nombre donné est toujours un nombre premier; sans quoi il admettrait un diviseur plus petit que lui-même et qui diviserait aussi le nombre donné.

218. Tout nombre qui n'admet aucun diviseur premier depuis 1 jusqu'à sa racine quarrée inclusivement est lui-même un nombre premier.

Car la division de ce nombre par un diviseur plus grand que sa racine quarrée donnerait un quotient plus petit qui diviserait aussi le nombre donné. Or ce quotient, qui deviendrait diviseur, serait lui-même premier, ou il admettrait un diviseur premier qui diviserait également le nombre donné, ce qui est contre l'hypothèse.

219. On reconnaît qu'un nombre donné est premier lorsqu'en le divisant par la suite naturelle des nombres premiers 2, 3, 5, 7, etc., on arrive à un quotient plus petit que le diviseur sans avoir obtenu de division qui se soit effectuée sans reste.

Car alors le nombre donné n'admet aucun diviseur premier depuis 1 jusqu'à sa racine quarrée. Ainsi de ce qu'aucune des divisions de 157 par 2, 3, 5, 7, 11, 13, ne se fait sans reste, et que la dernière donne un quotient 12 < 13, il s'ensuit que 157 est un nombre premier.

220. Tout nombre qui n'est pas premier admet au-dessus de sa racine quarrée autant de diviseurs qu'il en admet au-dessous; par conséquent ses diviseurs sont en nombre pair, excepté le cas où ce nombre est un quarré.

De ce que 56, par exemple, a sa racine quarrée comprise entre 7 et 8, ses diviseurs sont en nombre pair; car 2, 4, 7 étant les seuls qu'il admette au-dessous de sa racine quarrée, 28, 14, 8, sont les seuls qu'il admette au-dessus. On les appelle deux à deux facteurs conjugués de 56, parce que $2 \times 28 = 56$, $4 \times 14 = 56$, $7 \times 8 = 56$.

De ce que 64 a sa racine quarrée égale à 8, ses diviseurs sont en nombre impair; car outre les diviseurs 2 et 4 qu'il admet au-dessous de sa racine, et leurs conjugués 32 et 16 qu'il admet au-dessus, il admet évidemment comme diviseur sa racine quarrée 8, qui est conjuguée d'elle-même.

221. On trouve la suite indéfinie des nombres premiers en supprimant, dans la suite indéfinie des nombres entiers, tous les nombres de 2 en 2, en partant de 4, quarré de 2; ensuite tous les nombres de 3 en 3, en partant de 9, quarré de 3 ; puis de 5 en 5, en partant de 25, quarré de 5, et ainsi de suite de 7 en 7, en partant de 49, quarré de 7, etc.

En supposant qu'on se soit arrêté à la suppression de 7 en 7, je dis que tous les nombres échappés à ces suppressions jusqu'à 121, c'est-à-dire jusqu'au quarré de 11, qui est le diviseur premier qui vient après 7, sont eux-mêmes des nombres premiers.

En effet, tout nombre plus petit que 121, et qui ne serait pas premier, admettrait un diviseur premier plus petit que 11, qui est le quarré de 121. Il admettrait donc un des diviseurs premiers 2, 3, 5, 7. Or tous les multiples de ceux-ci sont supprimés; donc le nombre supposé l'est aussi. Il ne reste par conséquent, de la suite des nombres entiers jusqu'à 121, que les nombres premiers 1, 2, 3, 5, 7, 11, 13, 17, 19, 23, 29, 31, 37, 41, 43, 47, 53, 59, 61, 67, 71, 73, 79, 83, 89, 93, 97, 101, 103, 107, 109, 113.

222. Tout nombre qui n'est pas premier peut se décomposer en un système de facteurs premiers.

Si le nombre 105, par exemple, n'est pas premier,

le plus petit de ses diviseurs est un nombre premier. Soit **3** ce diviseur; on aura $105 = 3 \times 35$. Si 35 n'est pas premier, le plus petit de ses diviseurs est un nombre premier. Soit **5** ce diviseur; on aura $35 = 5 \times 7$. En substituant ces deux facteurs à leur produit 35 dans l'égalité précédente, on obtiendra $105 = 3 \times 5 \times 7$. Or le facteur 7 est lui-même un nombre premier; donc la décomposition de 105 en facteurs premiers est effectuée.

Il est d'ailleurs évident que dans de semblables décompositions, chacun des facteurs premiers pourra se présenter plusieurs fois. C'est ainsi, par exemple, qu'on trouvera $504 = 2 \times 2 \times 2 \times 3 \times 3 \times 7$, ou bien $504 = 2^3 \times 3^2 \times 7$. Il arrivera même qu'on ne trouvera qu'un facteur unique. La décomposition de 81 en offre un exemple, car on a : $81 = 3 \times 3 \times 3 \times 3$, ou $81 = 3^4$.

223. Pour décomposer un nombre en facteurs premiers, on le divise d'abord par **2**, autant de fois que possible, s'il est divisible par 2; on divise ensuite le résultat par **3**, autant de fois que possible, s'il est divisible par 3; puis le nouveau résultat par **5**, et ainsi de suite par 7, 11, etc., jusqu'à ce qu'on arrive à un quotient qui soit lui-même un nombre premier.

Dans la pratique, on dispose les diviseurs premiers et les quotients qu'ils fournissent en deux colonnes, qu'on sépare par un trait vertical.

2310	2	252	2
1155	3	126	2
385	5	63	3
77	7	21	3
11	11	7	7

Voici deux types de cette décomposition où l'on s'est proposé de trouver les facteurs premiers de 2310 qui sont 2, 3, 5, 7, 11, et ceux de 252 qui sont 2, 2, 3, 3, 7.

224. Quand un nombre divise un produit de deux facteurs et qu'il est premier avec l'un d'eux, il divise l'autre.

Ainsi 9 divise 432, qui est le produit de 16 × 27; et parce que 9 est le premier avec 16, il divisera 27.

Car 9 et 16 étant premiers entre eux, leur plus grand commun diviseur est 1. Si l'on multiplie 9 et 16 par 27, on aura 1 × 27, ou simplement 27 pour le plus grand commun diviseur des deux produits 9 × 27 et 16 × 27. Or 9 divise le premier où il entre comme facteur; il divise aussi le second, puisque c'est l'hypothèse; il faut donc qu'il divise leur plus grand commun diviseur 27, c'est-à-dire l'autre facteur du produit.

225. Tout nombre premier qui divise un produit de plusieurs facteurs divise au moins un des facteurs de ce produit.

Ainsi, parce que 7 divise 4032, qui est le produit de 12 × 16 × 21, il divisera au moins un de ces facteurs.

D'abord, au produit 12 × 16 × 21 qui a trois facteurs, on peut substituer le produit 12 (16 × 21), qui n'en a que deux. Or, parce que 7 est premier absolu, et qu'il ne divise pas 12, il est premier avec ce facteur; il faut donc qu'il divise l'autre (16 × 21). Mais celui-ci est lui-même un produit de deux facteurs

16×21; et comme 7 ne divise pas 16, il est premier avec ce facteur; par conséquent il divisera l'autre 21. Donc, etc.

Il suit de là qu'un nombre premier qui divise le quarré, le cube ou toute autre puissance d'un nombre, divise aussi ce nombre.

226. Lorsqu'un nombre est divisible par plusieurs autres premiers entre eux deux à deux, il est aussi divisible par leur produit.

Ainsi 3780 est divisible par les nombres 35, 9 et 4; et parce que ces diviseurs sont premiers entre eux deux à deux, 3780 sera divisible par leur produit.

On aura successivement les égalités suivantes :

$$3780 = 35 \times 108$$
$$108 = 9 \times 12$$
$$12 = 4 \times 3,$$

d'où
$$3780 = 35 \times 9 \times 4 \times 3,$$

et par conséquent $3780 = (35 \times 9 \times 4) \times 3$, ce qu'il faut démontrer.

Par hypothèse 9 divise 3780 de la première égalité; il faut donc qu'il divise aussi le produit 35×108, qui lui est égal. Mais 9 est premier avec 35; il divisera donc 108. Ainsi s'explique la seconde égalité. Par hypothèse 4 divise aussi 3780 de la première égalité, et par conséquent le produit 35×108. Mais 4 est premier avec 35; il faut donc qu'il divise 108, et par conséquent le produit 9×12 de la seconde égalité. Or

4 est premier avec 9 ; donc il divisera 12. Ainsi s'explique la troisième égalité. En substituant les facteurs 4 et 3 de celle-ci à leur produit 12 dans la seconde, on a $108 = 9 \times 4 \times 3$. La substitution de cette valeur de 108, dans la première égalité, donne celle-ci : $3780 = 35 \times 9 \times 4 \times 3$, dont la dernière, $3780 = (35 \times 9 \times 4) \times 3$, ne diffère qu'en ce que les trois premiers facteurs y sont remplacés par leur produit. Donc, etc.

227. Tout nombre qui n'est pas premier admet un nombre de diviseurs égal au produit des exposants de ses facteurs premiers, chacun de ces exposants étant augmenté d'une unité.

Ainsi, parce que 504 est égal à $2^3 \times 3^2 \times 7^1$, il admet $4 \times 3 \times 2$ ou 24 diviseurs.

En effet, 504 admet évidemment les diviseurs 1, 2, 2^2, 2^3 ; il admet aussi les diviseurs 1, 3, 3^2 ; il admet enfin les diviseurs 1 et 7. Or chacun des diviseurs de la 1re série est premier avec chacun des diviseurs de la 2e ; par conséquent 504 sera divisible par les produits des diviseurs de l'une par chacun des diviseurs de l'autre ; ce qui donne 4×3 ou 12 diviseurs, au nombre desquels se trouvent les six diviseurs différents de ces deux séries. Or les diviseurs 1 et 7 de la 3e série, parce qu'ils sont premiers l'un et l'autre avec chacun des diviseurs des deux premières, le sont également avec les douze qu'ils fournissent ; donc 504 sera divisible par les produits des douze diviseurs précédents par chacun des deux diviseurs 1 et 7 ; ce qui donne enfin 12×2, c'est-à-dire $4 \times 3 \times 2$ ou 24 diviseurs, au nombre desquels se trouvent les sept diviseurs différents des trois séries. Donc, etc.

Pour abréger cette manière de procéder dans la détermination des diviseurs d'un nombre, on commence par le décomposer en ses facteurs premiers, en ayant soin de disposer les choses en deux colonnes comme on l'a fait plus haut. On multiplie ensuite le 1ᵉʳ facteur par le 2ᵉ, qui est au-dessous, et l'on écrit le produit à droite du multiplicateur. On multiplie ensuite le 1ᵉʳ facteur et le 2ᵉ, ainsi que le produit qu'on en a fait, par le 3ᵉ facteur qui est au-dessous, et l'on écrit ces nouveaux produits à droite de ce nouveau multiplicateur. On multiplie de même le 1.ᵉʳ, le 2ᵉ et le 3ᵉ facteur, ainsi que les produits précédemment obtenus par le 4ᵉ facteur qui est au-dessous, et ainsi de suite, en ayant soin d'omettre ceux des produits déjà écrits et qui se représenteraient.

1ᵉʳ Ex. 1155	3.
385	5, 15.
77	7, 21, 35, 105.
11	11, 33, 55, 165, 77, 231, 385, 1155.

2ᵉ Ex. 252	2.
126	2, 4.
63	3, 6, 12.
21	3, 9, 18, 36.
7	7, 14, 28, 21, 42, 84, 63, 126, 252.

228. Tout nombre qui n'est pas premier ne peut se décomposer qu'en un seul système de facteurs premiers.

En effet, la décomposition de 105, par exemple, en facteurs premiers, a donné ci-dessus $105 = 3 \times 5 \times 7$. Le même nombre ne peut admettre aucune autre décomposition sans que le premier produit $3 \times 5 \times 7$ ne soit égal au second. Or 3 divise l'un, où il entre comme facteur; il faut donc qu'il divise l'autre. Mais 3 est premier; il divisera donc un des facteurs de ce dernier. Or ceux-ci sont eux-mêmes premiers; il faut donc que l'un d'eux soit égal à 3, qui ne divise que lui-même et ses multiples. On prouvera de même qu'un 2e facteur est égal à 5, qu'un 3e est égal à 7, et l'on conclura que le dernier système est le même que le premier. Donc, etc.

229. Un produit de deux nombres se forme du produit des facteurs premiers de ces nombres, chaque facteur étant affecté de son exposant, s'il n'entre que dans un des nombres, mais affecté d'un exposant égal à la somme de ses exposants, s'il entre dans les deux nombres.

Ainsi de ce que l'on a $204 = 2^2 \times 3 \times 17$ et $392 = 2^3 \times 7^2$, on aura $204 \times 392 = 2^5 \times 3 \times 7^2 \times 17$; car 204 et 392 sont des produits de leurs facteurs premiers. Or on multiplie l'un par l'autre deux produits de plusieurs facteurs en multipliant entre eux les facteurs de ces produits; il est donc vrai que dans le produit de 204 × 392, le facteur 2 entre cinq fois, le facteur 3 une fois, le facteur 7 deux fois et le facteur 17 une fois. Comme d'ailleurs aucun autre système de facteurs premiers ne peut donner le même produit, la proposition est démontrée.

1ʳᵉ *Conséquence.* Le quarré, le cube ou toute autre puissance d'un nombre, se forme du produit des facteurs premiers de ce nombre, chacun étant affecté de son propre exposant multiplié par le degré de la puissance.

2ᵉ *Conséquence.* Lorsqu'un nombre est premier avec chacun des facteurs d'un produit, il est premier avec ce produit.

3ᵉ *Conséquence.* Lorsqu'un nombre est premier avec un autre, il est premier avec le quarré, le cube ou toute autre puissance de ce nombre.

4ᵉ *Conséquence.* Lorsque les facteurs d'un produit sont premiers avec les facteurs d'un autre produit, ces deux produits sont premiers entre eux.

5ᵉ *Conséquence.* Lorsque deux nombres sont premiers entre eux, leurs puissances, de même degré ou non, sont premières entre elles.

6ᵉ *Conséquence.* Lorsqu'un nombre est divisible par un autre, il en renferme tous les facteurs premiers avec des exposants au moins égaux ou plus grands. Réciproquement, s'il les renferme ainsi, il sera divisible ; et pour qu'il soit divisible, il faut qu'il les renferme ainsi.

7° *Conséquence.* Le plus grand commun diviseur de plusieurs nombres est le produit des facteurs premiers qui leur sont communs, chacun étant pris avec son plus faible exposant.

8° *Conséquence.* Le plus petit commun multiple de plusieurs nombres est le produit de tous leurs facteurs premiers, chacun étant pris avec son plus fort exposant.

9° *Conséquence.* Lorsqu'un nombre en divise plusieurs autres, il divise aussi leur plus grand commun diviseur.

10° *Conséquence.* Lorsqu'un nombre est divisible par plusieurs autres, il est divisible par leur plus petit commun multiple.

11° *Conséquence.* Lorsque par un même nombre on en multiplie ou divise plusieurs autres, leur plus grand commun diviseur et leur plus petit commun multiple sont multipliés ou divisés par ce nombre.

12° *Conséquence.* Lorsqu'on divise deux nombres par leur plus grand commun diviseur, les quotients sont premiers entre eux.

13° *Conséquence.* Un nombre ne peut être un quarré parfait lorsque, étant divisible par 2,3,5,7,etc., il n'est pas en même temps divisible par 4, 9, 25, 49, etc.

14ᵉ *Conséquence.* Un nombre ne peut être un cube parfait lorsque, étant divisible par 2, 3, 5, 7, etc., il n'est pas en même temps divisible par 8, 27, 125, 343, etc.

CHAPITRE VIII.

FRACTIONS ORDINAIRES. — RÉDUCTION AU MÊME DÉNOMINATEUR. — ADDITION ET SOUSTRACTION DES FRACTIONS. — MULTIPLICATION DES FRACTIONS. — DIVISION DES FRACTIONS. — QUARRÉS ET RACINES QUARRÉES DES FRACTIONS. — CUBES ET RACINES CUBIQUES DES FRACTIONS.

Fractions ordinaires.

230. Pour exprimer à moins d'$\frac{1}{7}$, je suppose, le rapport d'une quantité à son unité, celui d'une droite par exemple à l'unité de longueur, on portera cette unité sur la droite autant de fois que possible, afin de savoir combien cette droite contient d'unités entières. S'il y a un reste, comme on le suppose ici, on le portera sur l'unité préalablement divisée en sept parties égales, afin de savoir combien ce reste contient de septièmes.

Les nombres au moyen desquels on arrive ainsi à déterminer exactement ou par approximation les rapports de telle et telle quantité à telle et telle unité de même espèce, sont des nombres fractionnaires ou des fractions ordinaires.

231. Si la notation sous laquelle on représente la fraction ordinaire ne diffère pas de celle dont on se sert pour indiquer la division d'un nombre par un autre, c'est qu'au fond ces deux choses n'ont qu'une seule et même signification.

Considérée au point vue de la fraction, l'expression $\frac{3}{8}$ signifie trois huitièmes de l'unité, ou un huitième de l'unité répété trois fois ; considérée au point de vue de la division, la même expression $\frac{3}{8}$ signifie le huitième de trois unités, c'est-à-dire un huitième de chacune, ou un huitième de l'unité répété trois fois.

Le nom de fraction s'applique même à des expressions, comme $\frac{35}{8}$ quoique plus grande que l'unité ; de sorte que le quotient de 35 par 8, c'est la fraction $\frac{35}{8}$. Or en divisant 35 par 8, on trouve 4 pour quotient et 3 pour reste ; d'où l'on tire $35 = 8 \times 4 + 3$. Si l'on divise par 8 les deux membres de cette égalité, on obtient : $\frac{35}{8} = 4 + \frac{3}{8}$.

On voit ainsi que pour compléter le quotient de la division d'un nombre par un autre, quand le premier n'est pas un multiple du second, comme de la division de 35 par 8, il faut ajouter à la partie entière 4 qu'on trouve en divisant 35 par 8, une fraction que l'on forme en donnant le diviseur 8 pour dénominateur au reste 3 de la division.

232. On augmente une fraction ordinaire quand on ajoute un même nombre à ses deux termes.

On aura donc : $\frac{4}{9} < \frac{4+3}{9+3}$, ou $\frac{4}{9} < \frac{7}{12}$.

En effet, $\frac{4}{9}$ diffère de l'unité de $\frac{5}{9}$, et $\frac{7}{12}$ en diffère de $\frac{5}{12}$. Or ces deux fractions complémentaires ont nécessairement le même numérateur et le dénominateur de la seconde est évidemment plus grand que celui de la première, donc on a $\frac{5}{9} > \frac{5}{12}$; il s'ensuit qu'on a aussi $\frac{4}{9} < \frac{7}{12}$.

On démontrera de même que le contraire aurait lieu, si la fraction proposée avait son numérateur plus grand que son dénominateur.

233. On diminue une fraction ordinaire, quand on retranche un même nombre de ses deux termes.

On aura donc : $\frac{7}{12} > \frac{7-3}{12-3}$, ou $\frac{7}{12} > \frac{4}{9}$.

En effet, $\frac{7}{12}$ diffère de l'unité de $\frac{5}{12}$, et $\frac{4}{9}$ en diffère de $\frac{5}{9}$. Or ces deux fractions complémentaires ont nécessairement le même numérateur, et le dénominateur de la seconde est évidemment plus petit que celui de la première; donc on a $\frac{5}{12} < \frac{5}{9}$; il s'ensuit qu'on a aussi $\frac{7}{12} > \frac{4}{9}$.

On démontrera de même que le contraire aurait lieu, si la fraction proposée avoit son numérateur plus grand que son dénominateur.

234. On rend une fraction ordinaire un certain nombre de fois plus grande, en multipliant son numérateur ou en divisant son dénominateur par ce nombre.

$$\text{Ainsi}, \frac{4\times 3}{15} \text{ ou } \frac{4}{15:3} \text{ est 3 fois} > \frac{4}{15}.$$

En effet, dans la première fraction les parties de l'unité sont les mêmes que dans la troisième, et l'on en prend 3 fois plus. Dans la seconde, au contraire, les parties de l'unité sont 3 fois plus grandes que dans la troisième, et l'on en prend le même nombre. Donc, etc.

Le premier moyen est toujours praticable; mais le second suppose que le dénominateur admet le nombre donné comme diviseur.

235. On rend une fraction ordinaire un certain nombre de fois petite en divisant le numérateur ou en multipliant le dénominateur par ce nombre.

$$\text{Ainsi}, \frac{6:3}{7} \text{ ou } \frac{6}{7\times 3} \text{ est 3 fois} < \frac{6}{7}.$$

En effet, dans la première fraction les parties de l'unité sont les mêmes que dans la troisième, et l'on en prend 3 fois moins. Dans la seconde, au contraire, les parties de l'unité sont 3 fois plus petites que dans la troisième, et l'on en prend le même nombre; donc, etc.

Le premier moyen suppose que le numérateur de

la fraction admet le nombre donné comme diviseur; mais le second est toujours praticable.

236. On ne change pas la valeur d'une fraction ordinaire quand on multiplie ses deux termes par un même nombre.

$$\text{On aura donc : } \frac{5}{8} = \frac{5 \times 3}{8 \times 3} \text{ ou } \frac{5}{8} = \frac{15}{24}.$$

En effet, l'unité est partagée en 3 fois plus de parties dans la seconde fraction que dans la première; ces parties sont par conséquent 3 fois plus petites; mais on en prend 3 fois plus; donc les deux fractions $\frac{5}{8}$ et $\frac{15}{24}$ sont équivalentes.

237. On ne change pas la valeur d'une fraction ordinaire quand on divise les deux termes par un même nombre.

$$\text{On aura donc : } \frac{15}{24} = \frac{15 : 3}{24 : 3}, \text{ ou } \frac{15}{24} = \frac{5}{8}.$$

En effet, l'unité est partagée en 3 fois moins de parties dans la seconde fraction que dans la première; ces parties sont par conséquent 3 fois plus grandes, mais on en prend 3 fois moins; donc les deux fractions $\frac{15}{24}$ et $\frac{5}{8}$ sont équivalentes.

Réduction au même dénominateur.

238. On réduit plusieurs fractions au même dénominateur, sans changer leurs valeurs, en multipliant

les deux termes de chacune par le produit des dénominateurs des autres.

On pourra donc au besoin substituer aux fractions $\frac{2}{3}$, $\frac{4}{5}$, $\frac{6}{7}$, par exemple, les fractions $\frac{2\times5\times7}{3\times5\times7}$, $\frac{4\times3\times7}{5\times3\times7}$, $\frac{6\times3\times5}{7\times3\times5}$, qui se réduisent à $\frac{70}{105}$, $\frac{84}{105}$, $\frac{90}{105}$.

Celles-ci en effet ne sont autres que les proposées, dont les deux termes sont multipliés par un même nombre, qui est 5 fois 7 pour la première, 3 fois 7 pour la seconde et 3 fois 5 pour la troisième. D'ailleurs les nouveaux dénominateurs sont identiques comme étant les produits d'un même nombre de facteurs qui ne diffèrent pas dans leurs valeurs, mais seulement dans leur disposition.

Le procédé ci-dessus est le seul praticable lorsque les dénominateurs des fractions sont premiers entre eux deux à deux. S'il n'en est pas ainsi, on prend leur plus petit commun multiple pour dénominateur commun des nouvelles fractions auxquelles on donne pour nouveaux numérateurs, les produits des anciens par les quotients du plus petit commun multiple, divisé successivement par les anciens dénominateurs. C'est ce qu'on appelle réduire des fractions à leur plus petit commun dénominateur.

On pourra donc, le cas échéant, substituer aux fractions $\frac{5}{12}$, $\frac{7}{18}$, $\frac{8}{27}$, par exemple, les fractions $\frac{45}{108}$, $\frac{42}{108}$, $\frac{32}{108}$.

D'abord le dénominateur commun 108 est le plus petit multiple commun aux dénominateurs 12, 18, 27. D'ailleurs les nouveaux numérateurs 45, 42, 32, sont les produits respectifs des anciens 5, 7, 8 par les quotients 9, 6, 4 de 108, successivement divisé par 12, 18, 27. Donc, en définitive, le tout s'est réduit à multiplier les deux termes de la première fraction par 9, ceux de la seconde par 6 et ceux de la troisième par 4. Les fractions conservent donc leurs valeurs sous le plus petit commun dénominateur qu'elles puissent avoir.

239. Pour réduire une fraction à sa plus simple expression, on supprime successivement les facteurs communs à ses deux termes, à mesure qu'on les aperçoit, ou bien on les supprime simultanément en divisant les deux termes par leur grand commun diviseur, qui est le produit de ces mêmes facteurs.

On aura donc $\frac{210}{504} = \frac{210 : 2}{504 : 2} = \frac{105 : 3}{252 : 3} = \frac{35 : 7}{84 : 7} = \frac{5}{12}$, et cela en divisant d'abord 210 et 504 par 2, puis 105 et 252 par 3; enfin 35 et 84 par 7.

On aura de même $\frac{210}{504} = \frac{210 : 42}{504 : 42} = \frac{5}{12}$, et cela en divisant 210 et 504 par leur plus grand commun diviseur 42, qui est égal à $2 \times 3 \times 7$.

240. Les deux termes de la fraction résultante $\frac{5}{12}$ étant premiers entre eux, la fraction est irréductible, c'est-à-dire qu'elle ne peut être exprimée en termes plus simples.

En effet, si on la suppose réductible à une expression telle que $\frac{3}{7}$, on aura $\frac{5}{12} = \frac{3}{7}$; et en réduisant au même dénominateur, ce sera $\frac{5 \times 7}{12 \times 7} = \frac{12 \times 3}{12 \times 7}$, d'où l'on tire $5 \times 7 = 12 \times 3$. Or 5 divise le premier membre 5×7 de cette dernière égalité, où il entre comme facteur; il faut donc qu'il divise le second membre 12×3. Or 5 est premier avec 12; il faut donc qu'il divise 3. C'est ce qui prouve que toute fraction égale à $\frac{5}{12}$ a pour numérateur un multiple de 5, et conséquemment pour dénominateur un équimultiple de 12. Donc

Addition et soustraction des fractions.

241. L'unité étant toujours une grandeur arbitraire, rien n'empêche de prendre pour unité : soit $\frac{1}{2}$, soit $\frac{1}{3}$, soit $\frac{1}{4}$, soit $\frac{1}{5}$, etc., et alors le dénominateur d'une fraction ne sert plus qu'à faire connaître l'espèce d'unité dont le numérateur indique le nombre qu'il faut prendre.

D'après cela on conçoit que l'addition ou la soustraction des fractions, qui ont un même dénominateur, s'effectue sur les numérateurs dont la somme ou la différence, ne peut exprimer qu'un certain nombre de $\frac{1}{2}$, de $\frac{1}{3}$, de $\frac{1}{4}$, de $\frac{1}{5}$, etc. On aura donc :

$$1° \ \frac{3}{7} + \frac{2}{7} = \frac{3+2}{7} = \frac{5}{7}; \quad 2° \ \frac{5}{7} - \frac{3}{7} = \frac{5-3}{7} = \frac{2}{7}.$$

Ainsi pour ajouter deux fractions l'une à l'autre, ou pour les soustraire l'une de l'autre, il faut ajouter les numérateurs l'un à l'autre, ou les soustraire l'un de l'autre et donner à la somme, ou à la différence, le dénominateur commun.

242. Si les fractions ne sont pas de même espèce, on commence par les réduire au même dénominateur, afin de les mettre dans les conditions requises pour l'application de la règle précédente. En voici un exemple :

$$\frac{7}{12} + \frac{2}{9} - \frac{5}{8} = \frac{42}{72} + \frac{16}{72} - \frac{45}{72} = \frac{42 + 16 - 45}{72} = \frac{13}{72}.$$

S'il arrive que la somme ainsi obtenue, ait son numérateur plus grand que son dénominateur, comme l'expression $\frac{35}{8}$ par exemple, on extrait les entiers qu'elle renferme, en divisant le numérateur 35 par le dénominateur 8 ; sauf à compléter, comme l'on sait, le quotient 4 au moyen d'une fraction $\frac{3}{8}$, ayant pour numérateur le reste 3 de la division, et pour dénominateur le diviseur 8. On a ainsi : $\frac{35}{8} = 4 + \frac{3}{8}$.

243. L'opération contraire qui consiste à mettre sous forme de fraction, un nombre entier, soit isolé soit accompagné d'une fraction, comme $4 + \frac{3}{8}$, se pratique en multipliant le nombre entier 4, par le dénominateur 8 de la fraction, et en ajoutant au produit son

numérateur 3. On a ainsi : $4 + \frac{3}{8} = \frac{4 \times 8 + 3}{8}$ ou $\frac{35}{8}$, car on conçoit que l'unité valant 8 huitièmes, 4 unités vaudront 4 fois 8 ou 32 huitièmes, à quoi il faut ajouter la fraction 3 huitièmes.

244. Quand on veut avoir la somme de plusieurs nombres entiers accompagnés de fractions, on commence par additionner les fractions, et si la somme contient des entiers on les extrait pour les ajouter à la somme des nombres entiers qu'on additionne ensuite.

Ainsi pour additionner $35 + \frac{7}{9}$ et $21 + \frac{5}{6}$ on réduit les fractions au même dénominateur, puis on opère sur les nouvelles expressions : $35 + \frac{14}{18}$ et $21 + \frac{15}{18}$; on extrait de la somme $\frac{29}{18}$ l'entier 1 qu'on ajoute à la somme 56, de **35** et de **21** ; on a ainsi pour résultat $57 + \frac{11}{18}$.

245. Quand on veut avoir la différence de deux nombres entiers accompagnés de fractions, on commence par retrancher les deux fractions l'une de l'autre, en ayant soin d'ajouter au numérateur de celle-ci son dénominateur, si elle est plus petite que celle-là ; sauf à diminuer d'une unité le nombre entier qu'elle accompagne, avant d'en retrancher l'autre.

Ainsi pour soustraire $21 + \frac{5}{6}$ de $35 + \frac{7}{9}$ on réduit les fractions au même dénominateur, puis on opère sur les nouvelles expressions $21 + \frac{15}{18}$ et $35 + \frac{14}{18}$, en

ayant soin d'ajouter au numérateur 14 son dénominateur 18, et en compensation de diminuer 35 de 1 avant
d'en retrancher 21. On a ainsi pour résultat $13 + \frac{17}{18}$.

Multiplication des fractions.

246. Lorsque le numérateur d'une fraction est égal
au dénominateur d'une autre, on obtient le produit de
la première par la seconde en divisant les deux autres
termes l'un par l'autre.

$$\text{On aura donc } \frac{4}{5} \times \frac{3}{4} = \frac{3}{5}.$$

Il est évident, en effet, que les $\frac{3}{4}$ ou 3 fois le $\frac{1}{4}$ de $\frac{4}{5}$,
c'est $\frac{1}{5}$ répété 3 fois, ou $\frac{3}{5}$.

On multiplie l'une par l'autre deux fractions quelconques, en multipliant entre eux les numérateurs et
entre eux les dénominateurs.

$$\text{On aura donc } \frac{4}{5} \times \frac{3}{7} = \frac{4 \times 3}{5 \times 7}.$$

Car en multipliant les deux termes de la première
par le dénominateur de la seconde et les deux termes
de la seconde par le numérateur de la première, on
aura $\frac{4 \times 7}{5 \times 7}$ à multiplier par $\frac{4 \times 3}{4 \times 7}$; le produit sera donc
$\frac{4 \times 3}{5 \times 7}$.

$$\text{On aura de même } \frac{3}{7} \times \frac{4}{5} = \frac{3 \times 4}{7 \times 5}.$$

Car en multipliant les deux termes de la première fraction par 5 et les deux termes de la 2ᵉ par 3 on aura : $\frac{3\times 5}{7\times 5}$ à multiplier par $\frac{3\times 4}{3\times 5}$; le produit sera donc $\frac{3\times 4}{7\times 5}$.

Puisque $\frac{4}{5}\times\frac{3}{7}$ et $\frac{3}{7}\times\frac{4}{5}$, donnent les produits identiques $\frac{4\times 3}{5\times 7}$ et $\frac{3\times 4}{7\times 5}$, il s'ensuit qu'on peut sans changer un produit, changer l'ordre des facteurs lors même que ces facteurs sont des fractions.

247. On multiplie une fraction par un nombre entier, en multipliant le numérateur par le nombre entier, et en laissant au produit le dénominateur de la fraction.

$$\text{On aura donc } \frac{4}{5}\times 3 = \frac{4\times 3}{5}.$$

Car en réduisant le multiplicateur 3 en quarts on aura $\frac{4}{5}$ à multiplier par $\frac{4\times 3}{4}$, le produit sera donc $\frac{4\times 3}{5}$.

248. On multiplie un nombre entier par une fraction, en multipliant le nombre entier par le numérateur et en laissant au produit le dénominateur de la fraction.

$$\text{On aura donc } 3\times\frac{4}{5} = \frac{3\times 4}{5}.$$

Car en réduisant le multiplicande 3 en quarts on aura $\frac{3\times 4}{4}$ à multiplier par $\frac{4}{5}$, le produit sera donc $\frac{3\times 4}{5}$.

Puisque $\frac{4}{5}\times 3$ et $3\times\frac{4}{5}$ donnent les produits identiques $\frac{4 \times 3}{5}$ et $\frac{3 \times 4}{5}$, il s'ensuit qu'on peut, sans changer un produit, changer l'ordre des facteurs, lors même que ces facteurs sont entiers et fractionnaires.

249. On peut ramener au seul cas de la multiplication d'une fraction par une fraction, tous les autres cas de la multiplication des fractions ; car il suffit pour cela de donner 1 comme dénominateur aux facteurs entiers, et de mettre sous forme de fraction chaque facteur composé d'un nombre entier accompagné d'une fraction. En voici un exemple :

$$\frac{4}{5} \times 2 \times \left(3 + \frac{2}{7}\right) = \frac{4}{5} \times \frac{2}{1} \times \frac{23}{7} = \frac{184}{35} = 5 + \frac{9}{35}.$$

Quand il s'agit cependant de multiplier un nombre entier accompagné d'une fraction par un facteur entier, il est plus expéditif de multiplier successivement la fraction et le nombre entier, puis d'ajouter au dernier produit les entiers extraits du premier s'il en renferme.

On aura ainsi : $\left(6 + \frac{3}{5}\right) \times 7 = 42 + \frac{21}{5} = 46 + \frac{1}{5}.$

Division des fractions.

250. Lorsque deux fractions ont le même dénominateur, on obtient le quotient de la première par la seconde, en divisant les deux numérateurs l'un par l'autre.

On aura donc $\frac{6}{7} : \frac{3}{7} = \frac{6}{3}.$

9.

Il est clair, en effet, que $\frac{6}{7}$ contient $\frac{3}{7}$ autant de fois que 6 contient 3. Le quotient sera donc 6 divisé par 3 ou $\frac{6}{3} = 2$, ce qui signifie que la fraction dividende $\frac{6}{7}$ contient 2 fois la fraction diviseur $\frac{3}{7}$.

On aura de même $\frac{5}{7} : \frac{3}{7} = \frac{5}{3}$, ce qui signifie que la fraction dividende $\frac{5}{7}$ contient 5 fois le $\frac{1}{3}$ de la fraction diviseur $\frac{3}{7}$.

251. On divise l'une par l'autre deux fractions quelconques, en multipliant la fraction dividende par la fraction diviseur renversée.

$$\text{On aura donc } \frac{4}{5} : \frac{3}{7} = \frac{4 \times 7}{5 \times 3}.$$

Car en multipliant les deux termes de chaque fraction par le dénominateur de l'autre, on aura $\frac{4 \times 7}{5 \times 7}$ à diviser par $\frac{5 \times 3}{5 \times 7}$; le quotient sera donc $\frac{4 \times 7}{5 \times 3}$.

252. On divise une fraction par un nombre entier en multipliant le dénominateur de la fraction par le nombre entier, et en laissant au produit le numérateur de la fraction.

$$\text{On aura donc } \frac{5}{7} : 3 = \frac{5}{7 \times 3}.$$

Car en réduisant le diviseur 3 en septièmes, on aura $\frac{5}{7}$ à diviser par $\frac{7 \times 3}{7}$; le quotient sera donc $\frac{5}{7 \times 3}$.

253. On divise un nombre entier par une fraction

en multipliant le nombre entier par le dénominateur de la fraction, et en donnant au produit le numérateur de la fraction pour dénominateur.

$$\text{On aura donc } 3 : \frac{5}{7} = \frac{3 \times 7}{5}.$$

Car en réduisant le dividende 3 en septièmes, on aura $\frac{3 \times 7}{7}$ à diviser par $\frac{5}{7}$; le quotient sera donc $\frac{3 \times 7}{5}$.

254. On peut ramener au seul cas de la division d'une fraction par une fraction, tous les autres cas de la division des fractions. Il suffit pour cela de donner 1 comme dénominateur aux termes entiers, et de mettre sous forme de fraction chaque terme formé d'un nombre entier accompagné d'une fraction. En voici un exemple :

$$\left(7 + \frac{5}{6}\right) : \left(4 \times \frac{3}{8}\right) = \frac{47}{6} : \left(\frac{4}{1} \times \frac{3}{8}\right) = \frac{47}{6} \times \frac{1}{4} \times \frac{8}{3} = 5 + \frac{2}{9}.$$

Quarrés et racines quarrées des fractions.

255. Pour élever une fraction ordinaire au quarré, on élève au quarré chacun des deux termes.

Ainsi, parce que l'on a $3^2 = 9$ et $8^2 = 64$, on aura $\left(\frac{3}{8}\right)^2 = \frac{9}{64}$. Car on a successivement $\left(\frac{3}{8}\right)^2 = \frac{3}{8} \times \frac{3}{8} = \frac{3 \times 3}{8 \times 8} = \frac{3^2}{8^2} = \frac{9}{64}$.

Cela résulte évidemment de la définition du quarré d'un nombre et de la règle établie pour la multiplication des fractions ordinaires.

256. Comme on peut toujours faire en sorte que les deux termes d'une fraction soient premiers entre eux, les deux termes de son quarré le sont aussi ; par conséquent la division du numérateur par le dénominateur ne peut s'effectuer sans reste. Il s'ensuit que le quarré d'une semblable fraction est toujours une fraction dont les deux termes sont des quarrés parfaits, et l'on en peut conclure qu'une fraction irréductible, dont les deux termes ne sont pas des quarrés parfaits, ne peut être le quarré d'une fraction ordinaire.

257. Lorsque la racine quarrée d'un nombre entier n'est pas elle-même un nombre entier, ce n'est pas non plus une fraction ordinaire, car on vient de voir que le quarré d'une telle fraction est toujours une fraction ordinaire.

La racine quarrée d'une fraction ordinaire n'est jamais un nombre entier, car il est évident que le quarré d'un tel nombre est toujours un nombre entier.

258. La racine quarrée d'une fraction ordinaire n'est elle-même une fraction ordinaire qu'autant que ses deux termes sont des quarrés.

Dans tout autre cas la racine quarrée d'une fraction ordinaire, comme celle d'un nombre entier qui n'est pas un quarré parfait, ne peut être obtenue que par approximation ; mais elle peut l'être à moins de telle partie aliquote de l'unité que l'on voudra.

259. Pour extraire la racine quarrée d'une fraction ordinaire, dont les deux termes sont des quarrés par-

faits, on extrait successivement la racine quarrée du numérateur et celle du dénominateur.

Ainsi, parce que l'on a $\sqrt{9} = 3$ et $\sqrt{64} = 8$, on aura

$$\sqrt{\frac{9}{64}} = \frac{\sqrt{9}}{\sqrt{64}} = \frac{3}{8}.$$

260. Pour extraire la racine quarrée d'une fraction ordinaire, dont le dénominateur seul est un quarré, on extrait à moins d'une unité la racine quarrée du numérateur, et on lui donne pour dénominateur la racine exacte du dénominateur de la fraction.

On aura ainsi $\sqrt{\frac{6}{49}} = \frac{\sqrt{6}}{7} = \frac{2}{7}$ ou $\frac{3}{7}$ à moins d'$\frac{1}{7}$ d'unité.

Puisque $\frac{6}{49}$ est compris entre $\frac{4}{49}$ et $\frac{9}{49}$, la racine quarrée de $\frac{6}{49}$ est comprise entre $\frac{2}{7}$ et $\frac{3}{7}$, qui en sont par conséquent des valeurs approchées à moins d'$\frac{1}{7}$, l'une par défaut, l'autre par excès.

Si l'approximation est insuffisante, on peut la rendre 2 fois, 3 fois, 4 fois, etc., plus grande, en multipliant les deux termes de la fraction par le quarré de 2, de 3, de 4, etc. On aura, par exemple,

$$\sqrt{\frac{6}{49}} = \sqrt{\frac{6 \times 3^2}{49 \times 3^2}} = \frac{\sqrt{54}}{21} = \frac{7}{21} \text{ ou } \frac{8}{21} \text{ à moins d'}\frac{1}{21} \text{ d'unité.}$$

Il est clair qu'on rendrait la même approximation 10 fois, 100 fois, 1000 fois, etc., plus grande, en multipliant les deux termes de la fraction par le quarré de 10, de 100, de 1000, etc. Mais l'opération se réduit à prendre la racine quarrée du numérateur à moins d'0,1, d'0,01, d'0,001, etc., puis à supprimer la virgule en ayant soin d'écrire un zéro, deux zéros, trois zéros, etc., à droite de la racine du dénominateur. On aura ainsi : $\sqrt{\frac{6}{49}} = \frac{\sqrt{6}}{7} = \frac{2,44}{7} = \frac{244}{700}$ à moins d'$\frac{1}{700}$.

261. Lorsqu'une fraction n'a pas pour dénominateur un quarré parfait, on la met dans cette condition en multipliant ses deux termes par le dénominateur. On procède ensuite à l'extraction de la racine quarrée comme dans le cas précédent.

On aura ainsi $\sqrt{\frac{2}{7}} = \sqrt{\frac{2 \times 7}{7^2}} = \frac{\sqrt{14}}{7} = \frac{3}{7}$ ou $\frac{4}{7}$ à moins d'$\frac{1}{7}$. On aurait de même : $\sqrt{\frac{14}{7^2}} = \sqrt{\frac{14 \times 3^2}{7^2 \times 3^2}} = \frac{\sqrt{126}}{7 \times 3} = \frac{11}{21}$. On aurait aussi : $\sqrt{\frac{14}{7^2}} = \frac{\sqrt{14}}{7} = \frac{3,74}{7} = \frac{374}{700}$ à moins d'$\frac{1}{700}$.

En général, il ne s'agit que de transformer le dénominateur en un produit de plusieurs facteurs quarrés, et c'est à quoi on peut toujours arriver, pourvu qu'on introduise au numérateur les facteurs qu'on juge à propos d'introduire au dénominateur.

C'est ainsi qu'on aura :

$$\sqrt{\frac{11}{18}} = \sqrt{\frac{11}{3^2 \times 2}} = \sqrt{\frac{11 \times 2 \times 7^2}{3^2 \times 2^2 \times 7^2}} = \frac{\sqrt{1078}}{3 \times 2 \times 7} = \frac{32}{42},$$

qui se réduit à $\frac{16}{21}$ sans cesser d'être approchée à moins d'$\frac{1}{42}$.

262. Pour extraire à moins de 1 sur un dénominateur donné, la racine quarrée d'un nombre entier, on extrait à moins d'une unité, la racine quarrée du produit de ce nombre par le quarré du dénominateur de la fraction qui marque le degré d'approximation, et l'on donne à cette racine, le dénominateur même de cette fraction.

Si on se propose d'extraire à moins d'$\frac{1}{7}$ d'unité la racine quarrée du nombre entier 31, par exemple :

On multipliera 31 par le quarré 49 du dénominateur 7. On extraira à moins d'une unité, la racine quarrée 38 du produit obtenu 1519. Enfin on donnera 7 pour dénominateur à 38 et l'on aura $\frac{38}{7}$ ou $5 + \frac{3}{7}$ pour la racine demandée.

Il est clair, en effet, qu'on aura : $\sqrt{31} = \sqrt{\frac{31 \times 7^2}{7^2}} = \frac{\sqrt{31 \times 7^2}}{7} = \frac{\sqrt{1519}}{7} = \frac{38}{7}$ ou $\frac{39}{7}$ à moins d'$\frac{1}{7}$; car la racine quarrée de 1519 étant comprise entre 38 et 39, celle de $\frac{1519}{7^2}$ et par conséquent la racine quarrée de 31 est en effet comprise entre $\frac{38}{7}$ et $\frac{39}{7}$.

Cubes et racines cubiques des fractions.

263. Pour élever une fraction ordinaire au cube, on élève au cube chacun de ses deux termes.

Ainsi parce que l'on a $2^3 = 8$ et $7^3 = 343$, on aura

$\left(\frac{2}{7}\right)^3 = \frac{8}{343}$. Car on a successivement $\left(\frac{2}{7}\right)^3 = \frac{2}{7} \times \frac{2}{7} \times \frac{2}{7} = \frac{2 \times 2 \times 2}{7 \times 7 \times 7} = \frac{2^3}{7^3} = \frac{8}{343}$.

Cela résulte évidemment de la définition du cube d'un nombre et de la règle établie pour la multiplication des fractions ordinaires.

Comme on peut toujours faire en sorte que les deux termes d'une fraction soient premiers entre eux, les deux termes de son cube le sont aussi; par conséquent la division du numérateur par le dénominateur ne peut s'effectuer sans reste. Il s'ensuit que le cube d'une semblable fraction est toujours une fraction, dont les deux termes sont des cubes parfaits. On en peut conclure qu'une fraction dont les deux termes ne sont pas des cubes parfaits, ne peut être le cube d'une fraction ordinaire.

264. Lorsque la racine cubique d'un nombre entier n'est pas elle-même un nombre entier, ce n'est pas non plus une fraction ordinaire; car on vient de voir que le cube d'une telle fraction est toujours une fraction ordinaire.

La racine cubique d'une fraction ordinaire n'est jamais un nombre entier, car il est évident que le cube d'un tel nombre est toujours un nombre entier.

265. La racine cubique d'une fraction ordinaire n'est elle-même une fraction ordinaire, qu'autant que ses deux termes sont des cubes parfaits.

Dans tout autre cas la racine cubique d'une fraction ordinaire, comme celle d'un nombre entier qui n'est pas un cube parfait, ne peut être obtenue que par approximation, mais elle peut l'être à moins de telle partie aliquote de l'unité que l'on voudra.

266. Pour extraire la racine cubique d'une fraction ordinaire dont les deux termes sont des cubes parfaits, on extrait successivement la racine cubique du numérateur et celle du dénominateur.

Ainsi, parce que l'on a $\sqrt[3]{8} = 2$ et $\sqrt[3]{343} = 7$, on aura : $\sqrt[3]{\dfrac{8}{343}} = \dfrac{\sqrt[3]{8}}{\sqrt[3]{343}} = \dfrac{2}{7}$.

267. Pour extraire la racine cubique d'une fraction ordinaire dont le dénominateur seul est un cube, on extrait à moins d'une unité la racine cubique du numérateur, et on lui donne pour dénominateur la racine exacte du dénominateur de la fraction.

On aura ainsi : $\sqrt[3]{\dfrac{18}{343}} = \dfrac{\sqrt[3]{18}}{7} = \dfrac{2}{7}$ ou $\dfrac{3}{7}$ à moins d'$\dfrac{1}{7}$ d'unité.

Puisque $\dfrac{18}{343}$ est compris entre $\dfrac{8}{343}$ et $\dfrac{27}{343}$, la racine cubique de $\dfrac{18}{343}$ sera comprise entre $\dfrac{2}{7}$ et $\dfrac{3}{7}$ qui en sont par conséquent des valeurs approchées à moins d'$\dfrac{1}{7}$, l'une par défaut, l'autre par excès.

Si l'approximation est insuffisante, on peut la rendre 2 fois, 3 fois, 4 fois plus grande en multipliant les deux termes de la fraction par le cube de 2, de 3, de 4, etc. On aura, par exemple :

$$\sqrt[3]{\frac{18}{343}} = \sqrt[3]{\frac{18 \times 2^3}{343 \times 2^3}} = \frac{\sqrt[3]{144}}{7 \times 2} = \frac{5}{14} \text{ ou } \frac{6}{14} \text{ à moins d'}\frac{1}{14}.$$

Il est clair qu'on rendrait la même approximation 10 fois, 100 fois, 1000 fois, etc., plus grande, en multipliant les deux termes de la fraction par le cube de 10, de 100, de 1000, etc. ; mais l'opération se réduit à prendre la racine cubique du numérateur à moins d'0,1, d'0,01, d'0,001, etc., puis à supprimer la vírgule, en ayant soin d'écrire un zéro, deux zéros, trois zéros, etc., à droite de la racine du dénominateur. On aura ainsi :

$$\sqrt[3]{\frac{18}{343}} = \frac{\sqrt[3]{18}}{7} = \frac{2,61}{7} = \frac{261}{700} \text{ à moins d'}\frac{1}{700}.$$

268. Lorsqu'une fraction n'a pas pour dénominateur un cube parfait, on la met dans cette condition, en multipliant ses deux termes par le quarré du dénominateur. On procède ensuite à l'extraction de la racine cubique comme dans le cas précédent.

On aurait ainsi :

$$\sqrt[3]{\frac{2}{7}} = \sqrt[3]{\frac{2 \times 7^2}{7^3}} = \frac{\sqrt[3]{98}}{7} = \frac{4}{7} \text{ ou } \frac{5}{7} \text{ à moins d'}\frac{1}{7}.$$

On aura de même :

$$\sqrt[3]{\frac{98}{7^3}} = \sqrt[3]{\frac{98 \times 2^3}{7^3 \times 2^3}} = \frac{\sqrt[3]{784}}{7 \times 2} = \frac{9}{14}.$$

On aurait aussi :

$$\sqrt[3]{\frac{98}{7^3}} = \frac{\sqrt[3]{98}}{7} = \frac{4,61}{7} = \frac{461}{700} \text{ à moins d'}\frac{1}{700}.$$

En général, il ne s'agit que de transformer le dénominateur de la fraction en un produit de plusieurs facteurs cubes, et c'est à quoi on peut toujours arriver, pourvu qu'on introduise au numérateur les facteurs qu'on juge à propos d'introduire au dénominateur.

C'est ainsi qu'on aura :

$$\sqrt[3]{\frac{11}{24}} = \sqrt[3]{\frac{11}{2^3 \times 3}} = \sqrt[3]{\frac{11 \times 3^2 \times 6^3}{2^3 \times 3^3 \times 6^3}} = \frac{\sqrt[3]{11384}}{2 \times 3 \times 6} = \frac{22}{36},$$

qui se réduit à $\frac{11}{18}$, sans cesser d'être approchée à moins d'$\frac{1}{36}$.

269. Pour extraire à moins de 1 sur un dénominateur donné, la racine cubique d'un nombre entier, on extrait à moins d'une unité, la racine cubique du produit de ce nombre par le cube du dénominateur de la fraction qui marque le degré d'approximation, et l'on donne à cette racine le dénominateur même de cette fraction.

Si on se propose d'extraire à moins d'$\frac{1}{7}$ d'unité la racine cubique du nombre entier 36, par exemple :

On multipliera 36 par le cube 343 du dénominateur 7, on extraira à moins d'une unité, la racine cubique 23 du produit obtenu 12348; enfin on donnera 7 pour dénominateur à 23, et l'on aura $\frac{23}{7}$ ou $3 + \frac{2}{7}$ pour la racine demandée.

Il est clair en effet qu'on aura :

$$\sqrt[3]{36} = \sqrt[3]{\frac{36 \times 7^3}{7^3}} = \frac{\sqrt[3]{36 \times 7^3}}{7} = \frac{\sqrt[3]{12348}}{7} = \frac{23}{7} \ \text{ou} \ \frac{24}{7} \ \text{à moins d'} \frac{1}{7};$$

car la racine cubique de 12348 étant comprise entre 23 et 24, celle de $\frac{12348}{7^3}$ et par conséquent la racine cubique de 36, est en effet comprise entre $\frac{23}{7}$ et $\frac{24}{7}$.

CHAPITRE IX.

RÉDUCTION DES FRACTIONS ORDINAIRES EN FRACTIONS DÉCIMALES.
— RÉDUCTION DES FRACTIONS DÉCIMALES EN FRACTIONS ORDI-
NAIRES. — EXEMPLES DE CALCULS APPROCHÉS. — PROPRIÉTÉS
DES RAPPORTS. — APPENDICE AUX ERREURS RELATIVES.

___

Réduction des fractions ordinaires en fractions décimales.

270. Puisqu'une fraction ordinaire peut être assi-
milée à une division indiquée, la réduction d'une
fraction ordinaire en fraction décimale, doit se pratiquer par l'application de la règle établie, pour convertir en dixièmes, centièmes, millièmes, etc., le reste
de la division de deux nombres entiers dont on a le
quotient à moins d'une unité. Il ne s'agit donc ici que
de diviser le numérateur de la fraction donnée par
son dénominateur, en transformant, comme on l'a
vu, les restes successifs en dixièmes, centièmes, mill-
lièmes, etc., au moyen d'un zéro qu'on écrit à la
suite de chacun d'eux.

Soit proposé de réduire la fraction ordinaire $\frac{5}{8}$ en fraction décimale.

La division du numérateur 5 par le dénominateur 8 donne pour quotient 0, et pour reste le numérateur 5 unités, que je multiplie par 10 pour les convertir en dixièmes. La division de 50

$$
\begin{array}{r|l}
5 & 8 \\ \cline{2-2}
50 & 0{,}625 \\
20 & \\
40 & \\
00 &
\end{array}
$$

dixièmes par 8 donne pour quotient 6 dixièmes, et pour reste 2 dixièmes, que je multiplie par 10, pour les convertir en centièmes. La division de 20 centièmes par 8, donne pour quotient 2 centièmes, et pour reste 4 centièmes, que je multiplie par 10 pour les convertir en millièmes. Enfin la division de 40 millièmes par 8 donne 5 millièmes pour quotient et 0 pour reste.

On voit ainsi que la fraction ordinaire $\frac{5}{8}$ et la fraction décimale 0,625 sont équivalentes.

271. Lorsque le dénominateur d'une fraction ordinaire irréductible n'admet que 2 ou 5 ou bien 2 et 5 pour facteurs premiers, la division du numérateur de cette fraction par son dénominateur conduit nécessairement à un reste nul, après autant de divisions partielles qu'il y a d'unités dans le plus grand des exposants de 2 ou de 5. Par conséquent le même exposant indique en outre le nombre des chiffres dont se forme la fraction décimale.

Soit convertie en fraction décimale la fraction ordinaire $\frac{39}{125}$, dont le dénominateur 125 est égal à 5^3.

Au lieu d'écrire successivement un zéro à droite du premier reste, du second, du troisième, etc., il revient au même d'écrire simultanément trois zéros à droite du dividende 39. Or

$$\begin{array}{c|c} 39 & 125 \\ 390 & \overline{0,312} \\ 150 & \\ 250 & \\ 000 & \end{array}$$

chacun de ceux-ci en le multipliant par 10, qui est égal à 2×5, introduit au même dividende une fois le facteur 2 et une fois le facteur 5 ; donc l'ensemble des trois zéros, en le multipliant par 1.000 qui est égal à $2^3 \times 3^3$ y introduit 3 fois le facteur 2 et 3 fois le facteur 5. Ainsi modifié, le dividende 39000 devient divisible par 5^3 ou par 125. Il serait évidemment divisible aussi par $5^3 \times 2$ comme par $5^5 + 2^2$ ou même par $5^3 \times 3^3$. Donc.

272. Si avec les facteurs 2 et 5, ou sans aucun d'eux, le dénominateur admet d'autres facteurs premiers, ceux-ci empêcheront la division de se terminer, vu qu'on ne les introduira jamais au numérateur, de quelque nombre de zéros qu'on le fasse suivre. En cette circonstance, le quotient se prolonge indéfiniment et alors il est toujours périodique; c'est-à-dire qu'on y voit se reproduire sans cesse un certain groupe de chiffres dont le nombre varie depuis 1 jusqu'à une certaine limite.

En effet, chaque reste étant plus petit que le diviseur, il arrive qu'après un nombre de divisions partielles, au plus égal au diviseur moins 1, on retombe sur un reste déjà obtenu, et là commence à reparaître le groupe de chiffres mentionné et qu'on appelle la période. Si cette période ne se manifeste qu'un ou plusieurs chiffres après la virgule, la fraction décimale est dite périodique mixte ; mais elle est dite périodique simple, si la période se manifeste dès la virgule.

273. Soit convertie en fraction décimale la fraction ordinaire $\frac{61}{74}$ dont le dénominateur 74 est égal à 37×2.

Le dividende suivi d'un zéro, c'est-à-dire 610, admet le diviseur 2. Par hypothèse, le diviseur 74 l'admet aussi ; il faut donc que le reste 18 l'admette

$$
\begin{array}{r|l}
61 & 74 \\
610 & \overline{\quad 0{,}8243\ldots} \\
180 & \\
320 & \\
240 & \\
18 & \\
\end{array}
$$

également, puisqu'il n'est que l'excès de 610 sur le produit de 74 par le premier chiffre du quotient. Pour une raison semblable, tous les restes qui succèdent à celui-ci sont aussi divisibles par 2. Donc le dividende 61 qui n'admet pas ce diviseur ne figurera plus parmi ces restes ; le premier chiffre du quotient ne saurait par conséquent appartenir à la période.

274. Soit convertie en fraction décimale la fraction ordinaire $\frac{61}{148}$ dont le dénominateur 148 est égal à 37×2^{2}.

Ici comme dans le cas précédent et pour la même raison, le premier reste 18 est divisible par 2, mais il ne l'est point par 2^{2}, sans quoi 610 qui est égal au pro-

$$
\begin{array}{r|l}
61 & 148 \\
610 & \overline{\quad 0{,}41216\ldots} \\
180 & \\
320 & \\
240 & \\
920 & \\
32 & \\
\end{array}
$$

duit du diviseur par le premier chiffre du quotient, plus ce reste, serait aussi divisible par 2^2, ce qui est incompatible avec l'hypothèse. Or le premier reste 18 suivi d'un zéro, c'est-à-dire 180, est divisible par 2^2, ainsi que le produit du diviseur par le second chiffre du quotient; donc le second reste 32 admet aussi le diviseur 2^2, et il en sera de même de tous les restes qui viendront après lui; il s'ensuit que le premier reste 18, qui n'admet que le diviseur 2, ne figurera plus parmi ces restes. Le second chiffre du quotient ne saurait par conséquent appartenir à la période.

En continuant de raisonner ainsi, on prouverait que si le diviseur admettait le facteur 2 à la 3ᵉ puissance, le second reste ne se produirait pas davantage, et que par suite le troisième chiffre du quotient n'appartiendrait pas non plus à la période. Il est d'ailleurs évident que le même raisonnement conduirait aux mêmes conséquences, si le diviseur, au lieu des facteurs 2, 2^2, 2^3, etc., admettait les facteurs 5, 5^2, 5^3, etc., ou même une puissance de 2 avec une puissance de 5, pourvu qu'on s'attachât à la plus grande des deux. On est donc fondé à conclure que dans de semblables exemples, il viendra toujours à la suite de la virgule autant de chiffres étrangers à la période, qu'il y aura d'unités dans le plus haut exposant des facteurs 2 ou 5 qu'admettra le diviseur.

275. D'après cela, on conçoit que la période ne pourra commencer qu'au moment où l'on aura écrit

au dividende autant de zéros qu'il y aura d'unité au plus haut exposant des facteurs 2 et 5 qu'admettra le diviseur. Mais alors on pourra les supprimer aux deux termes de la division, sans rien changer à la partie subséquente du quotient. De là deux conclusions à tirer : la première, c'est que la période, qui du reste peut en avoir moins, renfermera au plus autant de chiffres moins un que le diviseur renfermera d'unités, après la suppression des puissances de 2 et de 5 ci-dessus mentionnées ; la seconde, c'est que la réduction d'une fraction ordinaire en fraction décimale ne peut conduire à un quotient périodique simple, qu'autant que le dénominateur n'admet aucun des facteurs 2 et 5.

276. Soit convertie en fraction décimale la fraction ordinaire $\frac{47}{111}$ dont le dénominateur 111 est égal à 3×37.

D'une part, le dénominateur admet d'autres facteurs que 2 et 5, le quotient se prolongera donc indéfiniment et par conséquent il sera périodique ; d'autre part, le dénominateur n'admet aucun des facteurs 2 et 5, aussi le quotient est-il périodique simple.

$$
\begin{array}{r|l}
47 & 111 \\
470 & \overline{\,0{,}423\,} \\
260 & \\
380 & \\
47 & \\
\end{array}
$$

277. Soit convertie en fraction décimale la fraction ordinaire $\frac{3}{7}$ dont le dénominateur 7 n'admet ni 2 ni 5.

Lorsqu'une période at-
teint, comme dans cet exemple, le plus grand nombre
des chiffres qu'elle peut a-
voir, il est à remarquer
qu'elle ne cessera pas de
l'atteindre quand on chan-
gera le numérateur, pourvu qu'on ne change pas le
dénominateur.

$$\begin{array}{l|l} 3 & 7 \\ 30 & \overline{0,428571\ldots} \\ 20 & \\ 60 & \\ 40 & \\ 50 & \\ 10 & \\ 3 & \end{array}$$

La raison en est que dans ce cas tout nombre plus
petit que le diviseur 7, est un des restes successivement obtenus ; de sorte que si l'on prend pour numérateur 6, je suppose, au lieu de 3, le 1er chiffre du
nouveau quotient sera 8, qui était le 3e du quotient
précédent ; par conséquent le 2e sera 5, qui était
le 4e ; le 3e sera 7, qui était le 5e ; le 4e sera 1, qui
était le 6e ; le 5e sera 4, qui était le 1er ; enfin le 6^e
sera 2 qui était le 2e.

Réduction des fractions décimales en fractions ordinaires.

278. Soit à réduire en fraction ordinaire la fraction
décimale finie 0,312.

On prendra pour numérateur le nombre entier 312,
qui résulte de la suppression de la virgule, et pour
dénominateur l'unité suivie d'autant de zéros que la
fraction donnée avait de chiffres décimaux.

On aura ainsi : $0,312 = \frac{312}{1000}$, qui se réduit à $\frac{39}{125}$.

Ceci n'a besoin d'aucune explication, puisqu'il suffit d'écrire la fraction décimale sous forme de fraction ordinaire, et de supprimer les facteurs communs aux deux termes.

279. Soit à réduire en fraction ordinaire la fraction périodique simple 0,423423....

On prendra pour numérateur la période, et pour dénominateur un nombre formé d'autant de 9 qu'il y a de chiffres à la période.

On aura ainsi : $0{,}423423\ldots = \frac{423}{999}$, qui se réduit à $\frac{47}{111}$.

En effet, la réduction en fraction décimale, de la fraction ordinaire $\frac{1}{999}$, qui a pour numérateur 1 et pour dénominateur autant de 9 que la proposée a de chiffres à sa période, conduit à l'égalité $\frac{1}{999} =$ 0,001001.... De sorte qu'en multipliant les deux membres par la période 423, on aura celle-ci : $\frac{423}{999} =$ 0,423423.... Donc, etc.

280. Soit à réduire en fraction ordinaire la fraction périodique mixte 0,4121621 6....

On formera le numérateur en ajoutant la période au produit de la partie non périodique, par un multiplicateur composé d'autant de 9 qu'il y a de chiffres à la période; on formera le dénominateur, de ce même multiplicateur, en le faisant suivre d'autant de zéros qu'il y a de chiffres à la partie non périodique.

On aura ainsi : $0,41216216\ldots = \dfrac{41 \times 999 + 216}{99900}$.

Car en multipliant de part et d'autre par 100 pour isoler la période, on a successivement $0,41216216\ldots \times 100 = 41,216216\ldots = 41 + 0,216216\ldots = 41 + \dfrac{216}{999} = \dfrac{41 \times 999 + 216}{999}$; et en divisant par 100 pour restituer à la fraction sa valeur, on a enfin : $0,41216216\ldots = \dfrac{41 \times 999 + 216}{99900}$.

281. Pour extraire la racine quarrée ou la racine cubique d'une fraction ordinaire, à moins d'une unité décimale d'un ordre donné, on commence par transformer la fraction ordinaire en fraction décimale, en ayant soin de pousser le quotient jusqu'à ce qu'il ait deux ou trois fois autant de chiffres décimaux qu'on en veut avoir à la racine quarrée ou cubique, et l'on retombe ainsi sur l'extraction de la racine quarrée ou de la racine cubique des fractions décimales.

Par exemple, si l'on veut avoir la racine quarrée à moins d'0,001, ou la racine cubique à moins d'0,01, de la fraction ordinaire $\frac{3}{7}$, on prendra la racine quarrée ou la racine cubique de 0,428571, qui en est une valeur approchée jusque dans la sixième décimale, et l'on aura 0,654 pour la première racine et 0,75 pour la seconde.

282. Il n'est pas cependant indispensable, pour avoir la racine quarrée de $\frac{3}{7}$ avec l'approximation de-

10.

mandée, de calculer le quotient de $\frac{3}{7}$, jusqu'à la sixième décimale. On pourrait se borner à calculer les quatre premières, sauf à remplacer les deux dernières par deux zéros, parce que la racine aura trois chiffres.

Comme la racine quarrée de la fraction décimale 0,428571 ne diffère que par une virgule de la racine quarrée du nombre entier 428571, tout se réduit à faire voir qu'on peut encore obtenir celle-ci à moins d'une unité par défaut ou par excès, en prenant la racine quarrée de 428500 telle qu'on la trouvera ou en l'augmentant de 1, selon que le reste de l'extraction sera plus petit ou plus grand que la racine obtenue.

En effet, pour augmenter de 1 la racine d'un quarré parfait, il suffit d'augmenter ce quarré du double de sa racine plus 1. Mais pour augmenter de 2 la racine d'un quarré parfait, il faut augmenter ce quarré du quadruple de sa racine plus 4; car, ayant $5^2 = 25$, on aura $(5+2)^2 = 25 + 2(5 \times 2) + 2^2$, ou $25 + 5 \times 4 + 4$. Cela posé :

Le calcul donne 654 pour la racine quarrée de 428500, et avec cela un certain reste R. On aura donc $428500 = 654^2 + R$; de sorte qu'en ajoutant de part et d'autre la partie 71, supprimée sur la droite du nombre donné, on obtiendra $428571 = 654^2 + R + 71$. Or 71 ayant un chiffre de moins que la racine obtenue 654, est plus petit que cette racine; par conséquent si le reste R est aussi plus petit que la même racine, la somme R + 71 n'en peut atteindre le double, et à plus forte raison le double plus 1. Dans cette hypothèse, 654 est à moins d'une unité la racine de 428571. A la vérité le reste R peut excéder la racine 654 sans pouvoir cependant en excéder le double ; donc la somme R + 71 n'en peut excéder le triple. Elle n'en peut donc atteindre le quadruple, et à plus forte raison le quadruple plus 4. Dans cette hypothèse, la racine 654 peut bien être trop faible de 1, mais non pas de 2. Il est donc vrai qu'en l'augmentant de 1, on aura à moins d'une unité, par défaut ou par excès, la racine quarrée de 428571, et partant à moins d'0,001 celle de la fraction 0,428571.

283. Cette extension donnée à la théorie de l'extraction de la racine quarrée permet d'obtenir celle d'un nombre plus grand que 1, dont on n'a qu'une valeur approchée, avec la même approximation, si la partie entière ne fournit qu'un chiffre à la racine ; avec une décimale de plus, si la partie entière fournit deux chiffres ; avec deux décimales de plus, si elle en fournit trois, et ainsi de suite.

Soit supposé que 5,32, par exemple, est à moins d'0,01 une valeur approchée d'un nombre qu'on ne connaît pas autrement. Si on écrit deux zéros à droite de la valeur 5,32, la racine quarrée aura un chiffre à la partie entière et deux à la partie décimale, ou trois chiffres en tout; les deux zéros sont donc légitimes et la racine obtenue est à moins d'0,01 une valeur approchée de la racine cherchée.

Si la partie entière de la valeur donnée fournissait deux chiffres à la racine, on pourrait écrire quatre zéros à droite, car la racine quarrée aurait alors cinq chiffres en tout; les quatre zéros seraient donc légitimes et la racine obtenue serait à moins d'0,001 une valeur approchée de la racine cherchée.

Si la partie entière de la valeur donnée fournissait trois chiffres à la racine, on pourrait écrire six zéros à droite, car la racine quarrée aurait alors sept chiffres en tout; les six zéros seraient donc légitimes et la racine obtenue serait à moins d'0,0001 une valeur approchée de la racine cherchée. Et ainsi de suite.

Le cas où la valeur approchée aurait un nombre impair de chiffres décimaux n'infirme en rien l'explication précédente; car si la valeur approchée était 5,324, par exemple, on pourrait écrire à droite trois zéros, car la racine quarrée aurait alors quatre chiffres; les trois zéros seraient donc légitimes et la racine obtenue serait à moins d'0,001 une valeur approchée de la racine cherchée.

Si la partie entière de la valeur donnée fournissait deux chiffres à la racine au lieu d'un, on pourrait écrire cinq zéros à droite, car la racine aurait alors six chiffres en tout; les cinq zéros seraient donc légitimes, et la racine obtenue serait à moins d'0,0001 une valeur approchée de la racine cherchée.

284. Quand on a trouvé plus de la moitié des chiffres de la racine quarrée d'un nombre, il suffit, pour obtenir les autres, d'écrire à droite du reste correspondant autant de zéros qu'il y a encore de chiffres à trouver, et de diviser le nombre ainsi formé par le double de la partie trouvée de la racine, sauf à forcer d'une unité le dernier chiffre obtenu.

Je dis que le nombre 12368 qu'on obtient en appliquant ce procédé est, à moins d'une unité par défaut ou par excès, la racine quarrée de 152968735.

$$
\begin{array}{ll}
1\,52\,96\,87\,35 & \big|\,12368 \\
1'52'96'00'00 & \big|\,12367 \\
5{,}2 & \overline{22\times2} \\
89{,}6 & 243\times4 \\
1.6700\,\big|\,246 & \\
1940\,\big|\,\overline{67} & \\
218 &
\end{array}
$$

De la 1re partie de l'opération on tire évidemment $152960000 = 12300^2 + 1670000$; de la 2e on tire ensuite $1670000 = 24600 \times 67 + 21800$. Si l'on remplace le dernier terme de la première égalité par sa valeur tirée de la seconde, on a cette nouvelle égalité $152960000 = 12300^2 + 24600 \times 67 + 21800$. D'ailleurs $(12300 + 67)^2 = 12300^2 + 24600 \times 67 + 67^2$. Prenant la différence des deux, et observant que $(12300 + 67)^2 = 12367^2$, on obtient $152960000 - 12367^2 = 21800 - 67^2$; de sorte qu'en ajoutant de part et d'autre la partie négligée 8735, on a enfin $152968735 - 12367^2 = 21800 - 67^2 + 8735$.

Or 21800, en ce qu'il est plus petit que le diviseur 24600 dont il dépend, est plus petit que le double de la racine trouvée; 67^2 ayant au plus 4 chiffres, est plus petit que cette racine qui en a 5 ; pour la même raison 8735 est aussi plus petit que ladite racine ; donc $21800 - 67^2 + 8735$ n'en atteint pas le quadruple. Il s'ensuit que 12367 considéré comme la racine cherchée peut bien être trop faible de 1, mais non pas de 2. Donc, etc.

Exemples de calculs approchés.

285. On a $x = 18\sqrt{2}$, et l'on veut avoir x à moins d'0,01.

Calculez $\sqrt{2}$ à moins d'0,0001 ; multipliez cette valeur approchée par 18 ; prenez le produit obtenu avec ses deux premières décimales, vous aurez x à moins d'0,01.

Car en multipliant par 18 une valeur approchée à moins d'0,0001, le produit n'est approché qu'à moins de 0,0018. On ne peut donc compter que sur les deux premières décimales.

En pareil cas, il faut en général calculer la racine avec autant de décimales de plus, que le coefficient du radical a de chiffres, s'il est entier, ou que sa partie entière a de chiffres s'il est fractionnaire.

On peut encore calculer la même valeur d'x en faisant passer sous le radical le coefficient 18 que pour cela on élève au quarré. Ainsi à la formule $18\sqrt{2}$ on peut substituer $\sqrt{18^2 \times 2}$ et prendre à moins d'0,01 la racine quarrée de 648, qui est le produit de $18^2 \times 2$.

286. On a $x = 4,8\,\pi\,\sqrt{3}$, et l'on veut avoir x à moins d'0,001.

Calculez $\pi\,\sqrt{3}$ à moins d'0,0001 ; multipliez cette valeur approchée par 4,8 ; prenez le produit obtenu avec ses trois premières décimales, vous aurez x à moins d'0,001. Car le facteur 4,8 n'ayant qu'un chiffre à sa partie entière, ne peut altérer qu'une décimale.

287. On a $x = \dfrac{7,84\sqrt{2}}{\pi}$, et l'on veut avoir x à moins d'0,01.

Calculez $\dfrac{\sqrt{2}}{\pi}$ à moins d'0,001 ; multipliez cette valeur approchée par 7,84 ; prenez le produit obtenu avec ses deux premières décimales, vous aurez x à moins d'0,01 ; car le multiplicateur 7,84 n'ayant qu'un chiffre à sa partie entière, ne peut altérer qu'une décimale.

288. On a $x = \frac{1}{2}\sqrt{6\sqrt{3}}$, et l'on veut avoir x à moins d'0,001.

Calculez $6\sqrt{3}$ avec six décimales par l'une des deux méthodes précédemment indiquées ; prenez ensuite la racine quarrée de cette valeur approchée et divisez-la par 2, vous aurez x à moins d'0,001 ; car le coefficient $\frac{1}{2}$ n'altère aucune décimale, puisqu'au contraire il diminue l'erreur de moitié.

Au lieu de calculer $\sqrt{3}$ avec sept décimales, afin d'en avoir six après la multiplication par 6, ou bien de calculer $\sqrt{6^2 \times 3}$ avec six décimales seulement, il est avantageux de recourir à la méthode abrégée. Car la racine quarrée de $6\sqrt{3}$ devant avoir un chiffre à la partie entière, il suffira de calculer ce produit avec les trois premières décimales et de les faire suivre de trois zéros.

289. On a $x = \frac{1}{2}\sqrt{\frac{6\sqrt{3}}{\pi}}$ et l'on veut avoir x à moins d'0,01.

Calculez d'abord les cinq premiers chiffres de $6\sqrt{3}$; calculez ensuite les trois premiers chiffres du quotient de cette valeur approchée, par les trois premiers chiffres de π; prenez à moins d'0,01 la racine du résultat et divisez-la par 2, vous aurez x à moins d'0,01. Car il suffit pour cela, en employant la méthode abrégée, de calculer $\frac{6\sqrt{3}}{\pi}$ avec la même approximation, c'est-à-dire avec deux décimales. Or ce quotient n'aura qu'un chiffre à sa partie entière, il suffit par conséquent d'en calculer les trois premiers; et comme le 1ᵉʳ des trois, est plus petit que le 1ᵉʳ du diviseur, il suffit de prendre π avec trois chiffres et $6\sqrt{3}$ avec cinq qu'on peut aussi réduire à trois, en les faisant suivre de deux zéros, puisque le diviseur a trois chiffres.

290. On a $x = \sqrt{2 - \sqrt{3}}$ et l'on veut avoir x à moins d'0,00001.

Par la méthode ordinaire il faudrait calculer $\sqrt{3}$ avec dix décimales; retrancher de 2 cette valeur approchée, et prendre la racine quarrée du résultat avec cinq décimales. Mais comme x aura un chiffre à sa partie entière, et en outre cinq décimales, il aura six chiffres en tout; et il suffira de prendre $\sqrt{3}$ avec cinq décimales, à la suite desquelles on écrira cinq zéros. On achèvera comme il est dit précédemment.

291. Si on avait $x = \sqrt{2 - \sqrt{2 + \sqrt{3}}}$ et qu'on voulût avoir x à moins d'0,00001, on calculerait $\sqrt{2 + \sqrt{3}}$ avec cinq décimales comme on vient de l'indiquer, on retrancherait cette valeur de 2; après quoi on prendrait avec cinq décimales la racine du résultat suivie de cinq zéros, et l'on aurait x à moins d'0,00001.

292. Si l'on avait $\sqrt{\dfrac{5\sqrt{3}}{7\pi\sqrt{2}}}$ on ferait subir à cette formule, en multipliant haut et bas par $\sqrt{2}$, la transformation que voici : $\sqrt{\dfrac{5\sqrt{3}}{7\pi\sqrt{2}}} = \sqrt{\dfrac{5\sqrt{3} \times \sqrt{2}}{7\pi\sqrt{2} \times \sqrt{2}}} = \sqrt{\dfrac{5}{14} \times \dfrac{\sqrt{6}}{\pi}}$. Sous cette dernière forme on voit que le grand radical affecte un produit de deux facteurs, dont un seul est incommensurable. L'approximation devient ainsi facile à déterminer.

293. La formule $7\sqrt{3} \pm 5\sqrt{2}$ demeure telle qu'elle est.

La formule $7\sqrt{3} \pm 5\sqrt{3}$ se change en $(7 \pm 5)\sqrt{3}$.

La formule $7\sqrt{3} \times 5\sqrt{2} = 7 \times 5 \times \sqrt{3} \times \sqrt{2} = 35\sqrt{6}$.

La formule $\dfrac{7\sqrt{3}}{5\sqrt{2}} = \dfrac{7\sqrt{3}\sqrt{2}}{5\times 2} = \dfrac{7}{10}\sqrt{6}$ et $\dfrac{7\sqrt{2}}{5\sqrt{2}} = \dfrac{7}{5}$.

Lorsqu'un radical est facteur au dénominateur, on le fait ordinairement passer au numérateur, comme on vient de le voir; mais si l'on avait une expression telle que $\dfrac{7}{\sqrt{5}+\sqrt{2}}$ ou $\dfrac{7}{\sqrt{5}-\sqrt{2}}$ on la changerait en $\dfrac{7\times(\sqrt{5}-\sqrt{2})}{5-2}$ ou en $\dfrac{7\times(\sqrt{5}+\sqrt{2})}{5-2}$, en multipliant les deux termes de l'une par $\sqrt{5}-\sqrt{2}$; et ceux de l'autre par $\sqrt{5}+\sqrt{2}$.

Propriétés des rapports.

294. On se rappelle que le rapport d'une grandeur à une autre de même espèce est le nombre, qui exprime combien de fois la première contient la seconde, ou combien de fois la première contient une partie aliquote de la seconde.

Cette définition suppose évidemment que les deux grandeurs ont une commune mesure; aussi ne sera-t-il question dans ce chapitre, que des rapports de grandeurs qui remplissent cette condition, et que, pour cette raison, on appelle rapports commensurables.

Le rapport de la droite A |___|___|___|___| B, je suppose, à la droite C |___| D, est le nombre entier 4, parce qu'il exprime que la première contient 4 fois la seconde. Inversement, le rapport de la droite CD à la droite AB est la fraction $\frac{1}{4}$, parce qu'elle exprime que CD contient une fois le $\frac{1}{4}$ de AB.

Le rapport de la droite E|___|___|___|F à la droite G|___|___|___|___|H est la fraction $\frac{3}{5}$, parce qu'elle exprime que la première contient 3 fois le $\frac{1}{5}$ de la seconde. Inversement, le rapport de la droite GH à la droite EF est la fraction $\frac{5}{3}$, parce qu'elle exprime que GH contient 5 fois le $\frac{1}{3}$ de EF.

295. On est ainsi conduit, par la comparaison de deux grandeurs de même espèce, à distinguer entre elles deux rapports réciproques l'un de l'autre, selon qu'on veut exprimer la première de ces grandeurs en fonction de la seconde, ou la seconde en fonction de la première.

296. Lorsqu'on mesure deux grandeurs de même espèce, en prenant pour unité leur commune mesure ou une partie aliquote de cette commune mesure, on obtient deux nombres qui les représentent, et dont le rapport est évidemment le même que celui des deux grandeurs.

Or, c'est par la division que l'on trouve combien de fois un nombre en contient un autre, ou combien de fois un nombre contient une partie aliquote d'un autre; il est donc naturel d'indiquer, ainsi qu'on le fait, le rapport de deux nombres, comme on indique leur division, c'est-à-dire en les écrivant l'un sur l'autre.

297. Ainsi c'est sous forme de fractions ordinaires, dont ils ne diffèrent pas non plus quant au fond, que l'on considère les rapports. De sorte qu'en appelant numérateurs et dénominateurs les termes qu'on appelait antécédents et conséquents, on conçoit :

1° Qu'en multipliant ou divisant, s'il est possible, le numérateur par un certain nombre, on multiplie ou divise le rapport par ce nombre ;

2° Qu'en multipliant ou divisant, s'il est possible, le dénominateur par un certain nombre, on divise ou on multiplie le rapport par ce nombre ;

3° Qu'en multipliant ou divisant, s'il est possible, les deux termes par un même nombre, on ne change pas le rapport.

4° Qu'en augmentant ou diminuant, s'il est possible, le numérateur d'un certain nombre de fois son dénominateur, le rapport augmente ou diminue du même nombre de fois l'unité.

298. On dit de quatre grandeurs, qu'elles sont proportionnelles, lorsque le rapport de deux d'entre elles est égal au rapport des deux autres. Il est évident d'ailleurs que les quatre nombres qui représentent ces quatre quantités sont eux-mêmes proportionnels, et réciproquement.

299. Lorsque deux rapports sont égaux, on peut, sans en altérer l'égalité, multiplier ou diviser par un

même nombre, ou les deux numérateurs, ou les deux dénominateurs, ou les deux termes de l'un, ou les deux termes de l'autre, ou même les quatre termes.

300. Lorsque deux rapports sont égaux, les produits croisés sont égaux; c'est-à-dire que si l'on a $\frac{a}{b} = \frac{c}{d}$, on aura $a \times d = b \times c$. Car, en multipliant les deux fractions par le produit $b \times d$ des deux dénominateurs, on obtient $\frac{a \times b \times d}{b} = \frac{c \times b \times d}{d}$, c'est-à-dire $a \times d = b \times c$.

301. Lorsque deux rapports sont égaux, il suffit d'en connaître trois termes pour trouver l'inconnu. Si l'on a, par exemple, $\frac{a}{b} = \frac{c}{x}$, on tirera d'abord $a \times x = b \times c$, puis en divisant par a de part et d'autre : $x = \frac{b \times c}{a}$. x ainsi déterminé est ce qu'on appelle une *quatrième proportionnelle* aux trois quantités a, b et c.

302. S'il arrive que l'on ait $\frac{a}{b} = \frac{b}{x}$, on tirera d'abord $a \times x = b^2$, puis, en divisant par a de part et d'autre : $x = \frac{b^2}{a}$. x ainsi déterminé est ce qu'on appelle une *troisième proportionnelle* aux deux quantités a et b.

303. S'il arrive enfin que l'on ait $\frac{a}{x} = \frac{x}{b}$, on tirera d'abord $x^2 = a \times b$, puis, en prenant la racine quarrée de part et d'autre : $x = \sqrt{a \times b}$. x ainsi déterminé est ce qu'on appelle une *moyenne proportionnelle* aux deux quantités a et b.

304. Lorsque deux rapports $\frac{a}{b}$ et $\frac{c}{d}$ sont tels que les produits croisés $a \times d$ et $b \times c$ sont égaux, les deux rapports sont eux-mêmes égaux ; car, en divisant par b et par d les deux membres de l'égalité $a \times d = b \times c$, on aura d'abord $\frac{a \times d}{b \times d} = \frac{b \times c}{b \times d}$, et ensuite $\frac{a}{b} = \frac{c}{d}$, en supprimant les facteurs communs aux deux termes. On peut conclure de là que, dans un assemblage de deux rapports égaux, on peut faire subir aux termes toutes les permutations qui n'altèrent pas l'égalité entre les produits croisés.

305. Lorsque deux rapports sont égaux, les deux rapports inverses ou réciproques le sont aussi ; c'est-à-dire que si l'on a $\frac{a}{b} = \frac{c}{d}$, on aura aussi $\frac{b}{a} = \frac{d}{c}$, car ce changement n'altère pas l'égalité entre les produits croisés $a \times d = b \times c$.

306. Lorsque deux rapports sont égaux, les deux numérateurs sont entre eux comme les deux dénominateurs, c'est-à-dire que si l'on a : $\frac{a}{b} = \frac{c}{d}$ on aura aussi $\frac{a}{c} = \frac{b}{d}$; car ce changement n'altère pas non plus l'égalité entre les produits croisés $a \times d = b \times c$.

307. Lorsque deux rapports sont égaux, on peut, sans en altérer l'égalité, augmenter chaque numérateur de son dénominateur. C'est-à-dire que si l'on a $\frac{a}{b} = \frac{c}{d}$, on aura aussi $\frac{a+b}{b} = \frac{c+d}{d}$; car ces deux der-

niers rapports ne sont autres que les deux premiers augmentés chacun d'une unité.

308. Lorsque deux rapports sont égaux, la somme des numérateurs divisée par celle des dénominateurs, donne un rapport égal à chacun d'eux; c'est-à-dire que si l'on a $\frac{a}{b} = \frac{c}{d}$ on aura aussi $\frac{a+c}{b+d} = \frac{c}{d}$; car en permutant les deux termes b et c dans l'égalité donnée, on a d'abord $\frac{a}{c} = \frac{b}{d}$, d'où l'on tire $\frac{a+c}{c} = \frac{b+d}{d}$ qui se change de même en $\frac{a+c}{b+d} = \frac{c}{d}$.

309. Cette propriété s'étend à un nombre quelconque de rapports égaux. En effet si on avait en outre $\frac{c}{d} = \frac{f}{g}$, on pourrait dans l'égalité précédente substituer au rapport $\frac{c}{d}$ son égal $\frac{f}{g}$. On aurait alors celle-ci : $\frac{a+c}{b+d} = \frac{f}{g}$, d'où l'on tirerait $\frac{a+c+f}{b+d+g} = \frac{f}{g}$, etc.

310. Lorsqu'on additionne entre eux les numérateurs et entre eux les dénominateurs de plusieurs fractions inégales entre elles, la fraction résultante est comprise entre la plus petite et la plus grande.

Comme il suffit de démontrer la proposition pour deux fractions, soit $\frac{a}{b} < \frac{c}{d}$; on aura d'abord $\frac{a+c}{b+d} > \frac{a}{b}$. Car si l'on a $\frac{a}{b} = \frac{m}{d}$ on aura $\frac{a+m}{b+d} = \frac{a}{b}$; or on a $\frac{c}{d} > \frac{m}{d}$ et partant $c > m$, donc on a aussi $\frac{a+c}{b+d} > \frac{a}{b}$. On aura ensuite $\frac{a+c}{b+d} < \frac{c}{d}$; car si l'on a $\frac{n}{b} = \frac{c}{d}$ on aura $\frac{n+c}{b+d} =$

$\frac{c}{d}$. Or on a $\frac{a}{b} < \frac{n}{b}$ et partant $a < n$, donc on a aussi $\frac{a+c}{b+d} < \frac{c}{d}$.

311. Lorsque deux rapports sont égaux, on peut, sans en altérer l'égalité, élever les quatre termes à des puissances de même degré, ou en extraire des racines de même indice. C'est-à-dire que si l'on a $\frac{a}{b} = \frac{c}{d}$ on aura aussi $\frac{a^n}{b^n} = \frac{c^n}{b^n}$ et $\frac{\sqrt[n]{a}}{\sqrt[n]{b}} = \frac{\sqrt[n]{c}}{\sqrt[n]{d}}$. Il est d'abord évident que de l'égalité donnée on tire celle-ci : $\left(\frac{a}{b}\right)^n = \left(\frac{c}{d}\right)^n$; or $\left(\frac{a}{b}\right)^n = \frac{a^n}{b^n}$ et $\left(\frac{c}{d}\right)^n = \frac{c^n}{d^n}$, donc $\frac{a^n}{b^n} = \frac{c^n}{d^n}$. Il n'est pas moins évident que de la même égalité on tire aussi $\sqrt[n]{\frac{a}{b}} = \sqrt[n]{\frac{c}{d}}$. Or $\sqrt[n]{\frac{a}{b}} = \frac{\sqrt[n]{a}}{\sqrt[n]{b}}$ et $\sqrt[n]{\frac{c}{d}} = \frac{\sqrt[n]{c}}{\sqrt[n]{d}}$, donc $\frac{\sqrt[n]{a}}{\sqrt[n]{b}} = \frac{\sqrt[n]{c}}{\sqrt[n]{b}}$.

312. Lorsque deux suites de rapports égaux ont les mêmes numérateurs, les dénominateurs sont proportionnels, c'est-à-dire que si l'on a d'une part $\frac{a}{b} = \frac{c}{d}$ et d'autre part $\frac{a}{p} = \frac{c}{q}$, on aura $\frac{b}{p} = \frac{d}{q}$; car en divisant l'une par l'autre les deux égalités données, on en tire celle-ci $\frac{a \times p}{b \times a} = \frac{c \times q}{d \times c}$, qui se réduit à $\frac{p}{b} = \frac{q}{d}$, ou bien $\frac{b}{p} = \frac{d}{q}$. On prouverait de même que les numérateurs seraient proportionnels si les dénominateurs étaient communs.

313. La propriété ci-dessus conduit à beaucoup d'autres, dont voici les plus utiles :

De l'égalité $\frac{a}{b} = \frac{c}{d}$, on tire celle-ci $\frac{a \pm b}{b} = \frac{c \pm d}{d}$ et les deux donneront : $\frac{a \pm b}{a} = \frac{c \pm d}{c}$, qui à son tour donnera : $\frac{a}{a \pm b} = \frac{c}{c \pm d}$.

De l'égalité $\frac{a}{b} = \frac{c}{d}$, on tire les deux suivantes : $\frac{a + b}{b} = \frac{c + d}{d}$ et $\frac{a - b}{b} = \frac{c - d}{d}$ qui donneront $\frac{a + b}{a - b} = \frac{c + d}{c - d}$ qui à son tour donnera : $\frac{a + b}{c + d} = \frac{a - b}{c - d}$.

Appendice aux erreurs relatives.

314. *Addition.* Soit A, A′, A″, trois nombres approchés dans le même sens ; e, e', e'', les trois erreurs absolues correspondantes ; $\frac{e}{A}$, $\frac{e'}{A'}$, $\frac{e''}{A''}$ seront les trois erreurs relatives ; $e + e' + e''$ sera l'erreur absolue de la somme, et $\frac{e + e' + e''}{A + A' + A''}$, son erreur relative. Or cette fraction, en ce qu'elle n'est autre que celle qu'on obtiendrait en additionnant entre eux les numérateurs, et entre eux les dénominateurs des fractions $\frac{e}{A}$, $\frac{e'}{A'}$, $\frac{e''}{A''}$ est égale à chacune d'elles, quand celles-ci sont égales entre elles ; mais elle est comprise entre la plus petite et la plus grande quand elles sont inégales. S'il arrive que les nombres donnés soient approchés en sens contraire, l'erreur absolue de la somme sera égale à la différence $s - s'$ entre le total des unes et celui des autres ; par conséquent son erreur relative $\frac{s - s'}{A + A' + A''}$ diminue en même temps que son numérateur, et devient nulle quand il se réduit à zéro. Comme d'ailleurs la circonstance où parmi les nombres donnés il s'en trouverait d'exacts, n'infirme en rien ce qui précède, on est fondé à conclure que l'erreur relative de la somme de plusieurs nombres approchés dans un sens quelconque, peut varier depuis zéro jusqu'à la plus grande des erreurs relatives des nombres donnés.

315. *Soustraction.* Soit A et A', deux nombres approchés dans le même sens ou en sens contraire ; e et e', les erreurs absolues correspondantes. $\frac{e}{A}$ et $\frac{e'}{A'}$ seront les deux erreurs relatives ; $e - e'$ sera l'erreur absolue de la différence, et $\frac{e - e'}{A - A'}$, son erreur relative, lors même que l'un des nombres donnés serait exact. Or les erreurs absolues e, e', peuvent être égales ou inégales dans le même sens ou en sens contraire ; par conséquent l'erreur absolue de la différence peut varier depuis $e - e'$ jusqu'à $e + e'$. D'ailleurs $A - A'$ peut se réduire à une unité du dernier ordre du nombre le plus approché, ordre qui peut s'éloigner indéfiniment de la virgule. Donc l'erreur relative de la différence, bien qu'elle puisse se réduire à zéro, quand l'erreur absolue est de l'espèce $e - e'$, peut cependant croître indéfiniment quand elle est de l'espèce $e + e'$.

4,70006 et 4,70005 sont deux nombres dont la différence est 0,00001 ; 4,7001 est une valeur approchée de l'un à moins d'0,0001 par excès, et 4,7 une valeur approchée de l'autre à moins d'0,1 par défaut. Ces deux valeurs étant approchées en sens contraire, les deux erreurs s'ajoutent par la soustraction. Il s'ensuit que la limite de l'erreur absolue de la différence est $0,1 + 0,0001$ ou $0,1001$. L'erreur relative de la différence approchée est donc $\frac{0,1001}{0,00001} = \frac{0,10010}{0,00001}$ qui se réduit à $\frac{10010}{1}$.

On voit ainsi que la limite de l'erreur relative est plus de 10000 fois plus grande que la différence approchée; et l'on conçoit que ce rapport peut augmenter à mesure que la différence diminue, et comme celle-ci peut diminuer indéfiniment, la conclusion ci-dessus est légitime.

316. *Multiplication.* Soit $a \times b = p$. Si on augmente un des facteurs d'$\frac{1}{10}$, je suppose, de sa valeur exacte, on aura sa valeur approchée, en le multipliant par $\frac{11}{10}$, et alors l'égalité ci-dessus devient : $\frac{11 \times a}{10} \times b = \frac{11 \times p}{10} = p + \frac{p}{10}$. Elle deviendrait : $a \times \frac{99 \times b}{100} = \frac{99 \times p}{100} = p - \frac{p}{100}$, si au lieu d'augmenter, on diminuait l'un des facteurs d'$\frac{1}{100}$, je suppose, de sa valeur exacte. On voit ainsi que l'un des facteurs étant exact et l'autre approché par excès ou par défaut, l'erreur relative du produit est la même que celle du facteur approché, et dans le même sens.

Si l'un des facteurs augmentant d'$\frac{1}{10}$ de sa valeur, l'autre augmentait d'$\frac{1}{100}$ de la sienne, le produit augmenterait d'abord d'$\frac{1}{10}$ de sa valeur exacte, pour augmenter ensuite d'$\frac{1}{100}$ de sa valeur approchée. C'est-à-dire que le produit p, après s'être changé en $p + \frac{p}{10}$, se changerait en $p + \frac{p}{10} + \frac{p}{100} + \frac{p}{1000}$; le même produit se changerait évidemment en $p - \frac{p}{10} - \frac{p}{100} + \frac{p}{1000}$, si au lieu d'augmenter, les deux facteurs diminuaient l'un d'$\frac{1}{10}$ de sa valeur, l'autre d'$\frac{1}{100}$ de la sienne. On voit ainsi que l'erreur relative d'un produit de deux facteurs approchés dans le même sens, surpasse la somme des erreurs relatives des facteurs, ou qu'elle en est surpassée du produit de ces mêmes erreurs, selon que les deux facteurs sont approchés par excès ou par défaut.

Si l'un des facteurs augmentant d'$\frac{1}{10}$ de sa valeur, l'autre diminuait d'$\frac{1}{100}$ de la sienne, le produit augmenterait d'abord d'$\frac{1}{10}$ de sa valeur exacte, pour diminuer ensuite d'$\frac{1}{100}$ de sa valeur approchée, c'est-à-dire que le produit p, après s'être changé en $p + \frac{p}{10}$, se changerait en $p + \frac{p}{10} - \frac{p}{100} - \frac{p}{1000}$; il se changerait évidemment en $p + \frac{p}{100} - \frac{p}{10} - \frac{p}{1000}$, si au contraire le premier facteur augmentant d'$\frac{1}{100}$, l'autre diminuait d'$\frac{1}{10}$. On voit ainsi que l'erreur relative d'un produit de deux facteurs approchés en sens contraire surpasse la différence des erreurs relatives des facteurs, ou qu'elle en est surpassée du produit de ces mêmes erreurs, selon que l'une est plus petite ou plus grande que l'autre.

317. *Division.* Soit $\frac{a}{d} = q$ et par conséquent $a = d \times q$. Si on augmente le dividende d'$\frac{1}{10}$, je suppose, de sa valeur exacte, on aura sa valeur approchée en le multipliant par $\frac{11}{10}$, et alors l'égalité ci-dessus devient $\frac{a \times 11}{10} = d \times \frac{q \times 11}{10} = d \times \left(q + \frac{q}{10} \right)$. Elle deviendrait évidemment $\frac{a \times 9}{10} = d \times \frac{q \times 9}{10} = d \times \left(q - \frac{q}{10} \right)$, si au lieu d'augmenter on diminuait le dividende d'$\frac{1}{10}$ de sa valeur. On voit ainsi que le diviseur étant exact, et le dividende approché par excès ou par défaut, l'erreur relative du quotient est la même que celle du dividende et dans le même sens.

Soit encore $\frac{a}{d} = q$ et par conséquent aussi $a = d \times q$. Si on augmente le diviseur d'$\frac{1}{100}$, je suppose, de sa valeur exacte, on aura sa valeur approchée en le multipliant par $\frac{101}{100}$, et alors l'égalité ci-dessus devient :

$a = \dfrac{d \times 101}{100} \times \dfrac{q \times 100}{101} = \dfrac{d \times 101}{100} \times \left(q - \dfrac{q}{101}\right)$. Elle deviendrait évidemment : $a = \dfrac{d \times 99}{100} \times \dfrac{q \times 100}{99} = \dfrac{d \times 99}{100} \times \left(q + \dfrac{q}{99}\right)$. On voit ainsi que le dividende étant exact, et le diviseur approché par excès ou par défaut, l'erreur relative du quotient est en sens contraire, plus petite ou plus grande que l'erreur relative du diviseur.

Si le dividende augmentant d'$\frac{1}{10}$ de sa valeur, le diviseur augmentait d'$\frac{1}{100}$ de la sienne, le quotient augmenterait d'abord d'$\frac{1}{10}$ de sa valeur exacte, pour diminuer ensuite d'$\frac{1}{101}$ de sa valeur approchée, c'est-à-dire que le quotient q, après s'être changé en $q + \frac{q}{10}$, se changerait en $q + \frac{q}{10} - \frac{q}{101} - \frac{q}{1010}$. Le même quotient se changerait évidemment en $q - \frac{q}{10} + \frac{q}{99} - \frac{q}{990}$, si au lieu d'augmenter on diminuait le dividende d'$\frac{1}{10}$ de sa valeur et le diviseur d'$\frac{1}{100}$ de la sienne. On voit ainsi que l'erreur relative du quotient de deux nombres approchés dans le même sens, est plus petite ou plus grande que la différence des erreurs relatives de ces nombres, augmentée ou diminuée d'un produit plus petit ou plus grand que le produit de ces mêmes erreurs.

Si le dividende augmentant d'$\frac{1}{10}$ de sa valeur le diviseur diminuait d'$\frac{1}{100}$ de la sienne, le quotient augmenterait d'abord d'$\frac{1}{10}$ de sa valeur exacte, pour augmenter ensuite d'$\frac{1}{99}$ de sa valeur approchée. C'est-à-dire que le quotient q, après s'être changé en $q + \frac{q}{10}$ se changerait en $q + \frac{q}{10} + \frac{q}{99} + \frac{q}{990}$. Le même quotient q deviendrait évidemment $q - \frac{q}{10} - \frac{q}{101} + \frac{q}{1010}$, si le dividende diminuant d'$\frac{1}{10}$ de sa valeur, le diviseur augmentait d'$\frac{1}{100}$ de la sienne. On voit ainsi que l'erreur relative du quotient de deux nombres approchés en sens contraire est plus grande ou plus petite que la somme des erreurs relatives du dividende et du diviseur, augmentée ou diminuée d'un produit plus petit ou plus grand que le produit de ces mêmes erreurs.

318. *Scholie.* Ce qui précède fait assez voir que les limites qu'on substitue aux erreurs relatives, se tiennent parfois assez loin de leurs vraies grandeurs ; surtout quand on y remplace par les fractions $\frac{1}{10}$, $\frac{1}{100}$ ... les fractions $\frac{1}{9}$, $\frac{1}{11}$, $\frac{1}{99}$, $\frac{1}{101}$ ... et qu'en outre on en supprime les produits. Quoi qu'il en soit, il est prescrit d'accepter ces approximations comme suffisantes, et les énoncés qui suivent, tout erronés qu'ils sont, comme autant de vérités pratiques :

319. L'erreur relative du produit de deux facteurs,

approchés dans le même sens ou en sens contraire, est égale à la somme ou à la différence des erreurs relatives des facteurs.

320. L'erreur relative du quotient de deux nombres approchés dans le même sens ou en sens contraire, est égale à la différence ou à la somme des erreurs relatives du dividende et du diviseur.

321. L'erreur relative du quarré ou du cube d'un nombre approché par excès ou par défaut, est égale au double ou au triple de l'erreur relative du nombre donné.

322. L'erreur relative de la racine quarrée ou cubique d'un nombre approché par excès ou par défaut est égale à la moitié ou au tiers de l'erreur relative du nombre donné.

323. L'erreur relative de la puissance ou de la racine d'un degré quelconque d'un nombre approché par excès ou par défaut, est égale au produit ou au quotient de l'erreur relative de ce nombre par l'exposant de la puissance ou par l'indice de la racine.

FIN.

Paris. — Imprimé par E. Thunot et C⁰, 26, rue Racine.

Paris. — Imprimé par E. Thunot et Cᵉ, 26, rue Racine.